畅游

张法坤◎主编

宇宙中
YUZHOUZHONGDE
SHENGMINGZHIMI
的生命之谜

北方妇女儿童出版社

图书在版编目（CIP）数据

宇宙中的生命之谜／张法坤主编 . — 长春：
北方妇女儿童出版社，2012. 11（2021. 3 重印）
（畅游天文世界）
ISBN 978 – 7 – 5385 – 7046 – 5

Ⅰ . ①宇… Ⅱ . ①张… Ⅲ . ①地外生命 – 青年读物②
地外生命 – 少年读物 Ⅳ . ①Q693 – 49

中国版本图书馆 CIP 数据核字（2012）第 259093 号

宇宙中的生命之谜

YUZHOUZHONGDESHENGMINGZHIMI

出 版 人　李文学
责任编辑　赵　凯
装帧设计　王　璿
开　　本　720mm×1000mm　1/16
印　　张　12
字　　数　140 千字
版　　次　2012 年 11 月第 1 版
印　　次　2021 年 3 月第 3 次印刷
印　　刷　汇昌印刷（天津）有限公司
出　　版　北方妇女儿童出版社
发　　行　北方妇女儿童出版社
地　　址　长春市福祉大路 5788 号
电　　话　总编办：0431–81629600

定　　价　23.80 元

前 言
PREFACE

古时候，科学不发达，人们一直向往着可以成为神仙，拥有法力和长生不老。于是，有了许许多多的故事：嫦娥奔月，仙女下凡，玉皇大帝，王母娘娘……

自从 1541 年，哥白尼发表"日心说"以来，人们逐渐意识到浩瀚的宇宙不只地球一个存在，地球只是围绕太阳旋转的一颗小行星而已，这让人们开始把眼光从地球上移开，投向了广阔的太阳系银河系。而不同星系的发现，让人们又再次将目光投向到广袤无垠的宇宙。

现在已发现，银河系中有 2 000 亿个类似于太阳的兄弟姐妹，而科学家们已经找到了 150 个恒星有行星环绕。既然地球只是作为一个星系的一个行星存在着，可以孕育人类这样的智慧生命，那么在浩瀚的宇宙中，是否还有与地球条件类似的星球存在呢？如果有的话，那么它也有可能存在生命，这一大胆的猜想和推测让很多人都持赞同观点，也让人们把曾经发生在身边的奇怪现象逐步地联系起来。

长久以来，关于地外生命，形成了两种观点。一种是相信的确有外星球的生命存在，甚至是比人类更高级的生命形式，他们观察和控制着地球的一切，但是地球人类却无法发现他们；另一种则认为许多关于外星人以及 UFO 的报道和传闻完全是人的主观捏造和幻想，根本就没有外星人这回事。究竟孰是孰非，就要等待科学家们进一步去探索和解决了。

本书将人类探索宇宙中的生命过程和所发生的现象择其精要进行陈述，为众多的读者解答心中的谜团提供一定的依据和参考。

Contents
目　录

1

YUZHOU ZHONG DE SHENGMING ZHI MI

亦真亦幻的 UFO 之谜

地外生命之谜

　　我们人类生活在自以为宽广的地球上，而地球在太阳系中犹如沧海一粟。如果将太阳系大小比做万步，人类努力探索太空至今，也还只走出一步而已。而太阳系于银河系来说，则更是微乎其微。银河系浩瀚 10 万光年，而宇宙又包含了无数个银河系，我们目前可以观测到 120 亿光年的距离，而 120 亿光年以外是怎么样呢，我们还无法知道。

　　正因为这样，地外生命存在的可能性，正在被越来越多的人们所接受。人们认为地外生命存在的原因有三：一是宇宙中适于生命生存的区域数量很大；二是在地球和太阳系中找到的元素，如 C、H、O、N 等构成生命的基本元素同样遍布宇宙；三是有机化合反应在许多环境条件下都能进行。科学家们在暗黑星际云中发现了普通有机分子，更加支持了地外生命存在的学说。

　　在宇宙中生命甚至智慧生命绝不只是地球独有的现象，虽然是罕见的，我们并不孤单。从哲学意义上说，宇宙的无限注定了天体数量的无限，从而也可以注定存在生命的天体数量同样无限。问题只有一个，就是无法发现。

生命是地球的"专利"

　　到目前为止，在已探知的宇宙中，我们的地球是唯一的生命世界。在这个生命的绿洲中，约有30万种植物、100万种动物和10万多种微生物。我们的地球多彩多姿。

　　许多科学家认为，生命能在地球上发生和发展起来，完全是一个特例。

　　首先，这是因为太阳的大小适中，如果再大些，核聚变反应加快，温度太高；如果再小一些，温度则不够。同时，地球和太阳的距离适中，地球上的温度使水既不完全汽化，也不完全凝固，冷热的温度范围正好适合生命的存活和发展。比地球更靠近太阳的水星和金星，温度太高；而比地球更远离太阳的木星、土星等等，温度又太低。地球的运行轨道近乎圆形，使冬夏温差不大。

　　其次，地球的大小适中。如果质量太小，引力也就很小，大气分子就会逐渐跑掉，而保持不住大气层，就像水星、冥王星和月球那样。如果质量太大，巨大的引力就会保持太厚的大气层和保持过多的有害气体，就像木星、土星有上千千米厚的大气层一样。

　　再次，地球内部的活动速度适中。有地壳移动和洋流来均衡整个地球的温度，给生物一个稳定发展的环境。同时，我们知道，地球的地壳下面是地幔，再往内是熔融的铁水和铁核。地球内部在不断地运动，造成高山、大洋和火山喷发，形成大气圈和磁场。如果内部的活动速度太慢，就不会有磁场，也很难形成

地　球

大洋和大气圈，也不会有火山喷发。那样，地球就是一个死行星。如果活动速度过快，火山和地震就会频繁发生，地壳会变形，火山气体和尘埃就会遮天蔽日，大气圈也会被压缩，生命也就很难存在和发展。

最后，地球有木星这个保护神保护着，把偶发的大小陨石吸过去，使地球在1亿年中才有1次毁灭性的陨石撞击。如果没有巨大的木星，地球在10万年中就可能遭受一次剧烈的陨石碰撞，生物演化的时间就不够长。法国天文学家雅克·拉斯卡还指出，地球有月球这个难得的伙伴。如果没有月球的引力和稳定影响，地球的自转会很快，一天只有几小时，南北极位移加快，造成洪水及冰河期的短期交替，扼杀了生物演化的必需环境，生命就不可能存在和发展。

因此，许多著名科学家对"生命是宇宙间的普遍现象"的论点持怀疑态度。美国科学家哈特具体指出，液态水是生命形成和发展的条件。必须有600个以上的核苷酸按一定次序组合才能形成生命的种子。生命的种子在液态水中经过几亿年的发展，才能进化成高级生命。如地球上的生命，从产生到掌握先进技术，延续了40

水星　金星　地球
火星　木星　土星
天王星　海王星

太阳系八大行星

亿年。哈特对不同的行星质量、轨道、恒星质量等参数，用计算机进行模拟试验，研究行星大气的演变过程。结果表明，上述参数必须符合一个严格限定的数值范围，才能使行星表面的温度在几十亿年中保持在一个稳定的范围内，使水处在液体状态。这种几率是很小的。哈特的计算表明，如果地球与太阳的平均距离由现在的14 960万千米缩减5%，即为14 207万千米，温室效应就会使液态水逐渐汽化，最后变成与金星一样的无水行星，环境极端恶化，成为生命的禁区。而如果平均距离增加1%，即为15 106万千米，则冰河作用又会使地球上的水完全冻成冰，变得像现在的火星一样。

他们的结论是，生命能在地球上形成和发展起来，在宇宙中是个特例。银河系有地球人类实属万幸。

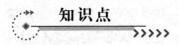

知 识 点

核 聚 变

核聚变是指由质量小的原子，主要是指氘或氚，在一定条件下，发生原子核互相聚合作用，生成新的质量更重的原子核，并伴随着巨大的能量释放的一种核反应形式。原子核中蕴藏巨大的能量，原子核的变化往往伴随着能量的释放。如果是由重的原子核变化为轻的原子核，叫核裂变，如原子弹爆炸；如果是由轻的原子核变化为重的原子核，叫核聚变，如太阳发光发热的能量来源。

延伸阅读

宇宙中的生命进化

生命的进化是一个极其缓慢的过程，其进程之慢完全可以同恒星演化的时间尺度相比。一种称为蓝－绿藻类的比较高级的单细胞生物早在35亿年前就已经出现了，人类这种智慧生命是在太阳形成后经过45亿~50亿年漫长时间出现的。因此，年轻的恒星，即使它周围存在行星，也不可能存在较高级的生命形式。另外，大质量恒星的发光发热寿命只有几百万年，对于生命进化所需要的时间来说也是远远不够的。只有类似太阳或更小一些的恒星才是合适的候选者。在我们的银河系中符合这一条件的恒星约有

1 000 亿颗。

并非所有恒星在形成时都会伴随有一个行星系统。在银河系内，双星约占恒星总数的一半。有一种观点认为，对于双星系统来说，即使已有行星形成，那也要不了多久，这些行星不是落到其中一颗恒星上，就是会被抛入星际空间而远离双星系统。于是，只有单星才是可能的第二轮候选者。如果乐观地假定所有单星都拥有数量不等的行星，那么，银河系内大约可以有 400 亿颗带有行星的恒星。

生命不可能在任何一颗行星上诞生，行星离开恒星的距离必须恰到好处。同时特别假定液态水的存在是生命存在的前提，那么，这两个条件是十分苛刻的。如果地球离开太阳的距离比现在靠近 5%，生命就不可能存在；再远 1%，地球会彻底冻结。恒星周围具有能维持生命所必需的气象条件的行星是极为罕见的。计算表明，能满足这一条件的第三轮候选者充其量也只有 100 万颗恒星。

100 万虽然还是一个不小的数目，但只有能同它们进行某种形式的接触才能最后证实外地生命的存在。目前地球上最强有力的联系手段当推无线电通讯。毫无疑问，不要说几十亿年前的蓝藻，就是人类本身，在 100 多年前也还没有能力发送无线电讯号。如果再次乐观地假定，有高度文明的外星人在和平繁荣的环境中生活了 100 万年，科学技术十分发达，财力充足，有能力不停止地向空间发送强大的无线电讯号。那么，进化成智慧生命需要 40 亿年，100 万年只占其中的 2.5/10 000。因此，100 万个第三轮候选者中能做到这一点的就只有 250 颗了。250 颗恒星平均分布在银河系中的话，离我们最近的也有 4 600 光年。就地球上目前的技术水平，根本无法与之联系。唯一的可能是他们比我们先进，我们来接收他们的讯号。

人类是宇宙的"主宰"

一些科学家认为，即使其他地方有生命的种子或外星人，但未必能发展起来和长久地存在下去。诺贝尔奖获得者、德国科学家曼弗雷德·艾根指出，在地球上最初的多细胞，即简单的真核细胞的形成，至少需要30亿年的时间。在其他行星上即使有原始生物产生，也不可能进化为复杂的生命。因此，他认为，人类在宇宙中，至少在可以达到的距离内找不到知音。

前苏联科学家马洛奇尼克和穆欣，在经过多年的研究后认为，在银河系，只有旋臂中的一条狭窄地带，才具有繁衍生命和产生文明的有利条件。在其他地方，由于超新星爆发，强大的电子、质子流会毁灭一切有生命的东西。太阳有幸正处在那条狭窄生命带中。法国马尔索·费尔登教授又进一步指出，10亿年后，太阳系也将进入银河系的辐射区，虽然那时太阳还可存在40亿年，但地球上的一切生命都将死亡。

银河系

另一些科学家还指出，即使暂且承认宇宙中有高级生命存在，那么，他们总要向四面八方扩展的，特别是向地球这样适合生命发展的地方扩展。如果像有种理论说的那样，在银河系有比我们的历史久远千万年的高级文明存在，他们早就应该来到地球了。因为银河系的半径不过10多万光年，他们的飞船只要用2%左右的光速速度航行，300～500年或稍长一些的时间就能飞遍整个银河系。如果像有人说的那样，河外星系的高级文明5亿年前就向外移民了。那么，假如他们每50年向外扩展一个太阳系的范围，至今至少已扩展到100万光年以外的地方。如果在离我们100万光年以内有一种智慧生物存在，他们应该到达地球了。但至今没有任何物证说明，外星人来过我们地球。

当然，也可以用这样的理论来解释，宇宙中的生命进化到一定程度，虽然会产生高级文明，但这种文明只能延续一段时间，最后或者自己毁灭了自己，或者因环境变化而毁灭了。文明产生又消失，周而复始，只是在原地活动，故至今没有来到地球。

但是，难道没有一个例外吗？难道他们向外移民不是为了发展和保存自己吗？如果是，难道没有一个地方的智慧生物逃脱自我毁灭和灾变毁灭吗？这仍然可以用这样的理论来解释：外星人来过地球，但他们不想插手地球人的事，或者还没有决定如何对待地球人。所以没有与地球联系。

综上所述，地球人类很可能是宇宙的"独生子"，至少在银河系是这样。

到底有没有地外文明存在，意见如此相左，看来应该像其他科学假说一样，必须用事实来作结论。对于外星人这样一个重大的科学问题，或许可以采取"宁可信其有，不可信其无"的态度，而积极地进行探索。

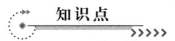

知识点

> ### 银河系
>
> 银河系是太阳系所在的恒星系统，包括 1 200 亿颗恒星和大量的星团、星云，还有各种类型的星际气体和星际尘埃。它的直径约为100 000 多光年，中心厚度约为 12 000 光年，总质量是太阳质量的1 400 亿倍。银河系是一个旋涡星系，具有旋涡结构，即有一个银心和两个旋臂，旋臂相距 4 500 光年。太阳位于银河一个支臂猎户臂上，至银河中心的距离大约是 26 000 光年。

延伸阅读

地球文明

地球文明是指对应于外星文明而言的银河星系、太阳系的地球上的人类文明，人类文明经历了远古的人类起源、文明起源时期，从亚洲、欧洲、美洲与非洲的交界区域发展了最早的人类文明，然后经历了几千年的发展从旧大陆迁徙到新大陆，从区域各自隔离的文明社会到全人类的交通、通讯乃至教育、科技、经济等全球一体化时代，形成一个地球村或地球整体文明体系。

有文字和文物记载的最早文明是非洲－亚欧洲旧大陆中心地带，东经白令海峡进入美洲形成玛雅与印加文明，西南到中非形成班图文明等。人类文明经历了埃及、巴比伦、印度（公元前1 500年之前）时期，在公元前约500年形成的希腊（雅典时期）、犹太（波斯时期）、印度（佛教时期）、华夏（春秋时期）奠基了后来文明的文化基石，也就是4种典型的文化模式，分别在自然哲学、宗教律法、精神哲学、社会哲学等形成了人类文化的典范。

约公元500年在中国、欧洲产生了东方、西方两种典型文明模式，一是欧洲的宗教政治一体化，二是中华家国同构大一统，中华文明建立了人类最繁荣的农业文明，形成诸子百家争鸣与三教九流等学科分类体系。约公元800年兴起的阿拉伯国家，构建了中、西方文明的桥梁，保存了希腊、罗马等古典文化，同时传播了中国文化、科技等，从而导致后来欧洲的东方文化热，以及形成了东西方文化的融合，导致了近现代科技、工业模式的形成，欧洲从东欧、南欧与北欧扩展到新西伯利亚、美洲与澳洲，在环太平洋形成欧亚文化新的融合时期。

中国曾邦哲在中国、欧洲的实地与文献考察，发现印度－希腊、以色列－华夏经典文明的关联，提出了地球生物、人类在演化的不同时期从起源地向外延扩展迁徙，人类远古由于交通与通讯隔离，形成不同时期人类迁徙与文化传播或产生的不同考古文化圈，有史记载的文明则经历了古埃及、中东与欧洲、亚洲文明时期，然后进入了全球文明时代。

现代全球文明模式起始于近现代科学、艺术与工业、体制的东西方文化融合，而且是四大经典文化的结合；因而，称近现代化文明为紫色文明，也就是海洋蓝色与太阳红色的融合形成的全球化文明模式，中国传统文化，比如儒家文化、孔子学院的全球发展，将成为21世纪文明化进程的重要方面。科学实践之目的是发明创造，民主法制之基石是道德伦理；因此，文

艺复兴与科学发展、新教伦理与以人为本等构成现代全球文明的整体结构。

地球文明，依据曾邦哲的观点也就是经历了三代文明：第一代是亚、非、欧洲交界的中东为核心区域的神权文明（中世纪欧洲是向西方的延伸）；第二代是公元500—1 500年中华诸子百家的社会和文化结构化的君权文明；第三代是经历丝绸之路为桥梁之后百科全书建立的近现代民权文明——全球化社会。

另外，地球上还有一些人们所不大了解的文明。

生命起源宇宙之谜

长期以来，有关生命起源的论述一直笼罩着进化学说的色彩。

从进化的观点看，地球生命是在适宜的外界环境中自发诞生的。从无机小分子到有机小分子，再从有机多分子体系到初始生命则是进化过程中的两个关键环节。应该承认，生命的出现有它一定的偶然性，突变是可能的，须在充足的证据下才能被人理解与接受。以当今科学上一系列重大发现而言，便明显脱离了经典理论所设置的轨道。

我们当然不会忘记著名的米勒实验。在一个密闭的装置里，先模拟原始大气组成输入无机气体，随后模拟原始地球条件进行自然放电，结果检验出氨基酸分子。实验证明了以无机物合成有机物的可能性，一度赢得世人的赞许。更有意义的是，人们还惊讶地发现生命的基础物质——氨基酸，早已在太空尤其是在星际云中"游荡"了。

远在100年前，英国物理学家洛德·开尔文已对传统观点提出挑战。他预言星际空间广泛分布有微生物，后限于当时的观测手段和达尔文学说的巨大影响，科学界未对其正确性开展深入探讨。20世纪初，瑞典化学家斯文特·阿雷纽斯又冲破重重阻力，大胆推出"泛种"理论，意指太空中处处都有生命的种子存在。

20世纪60年代，生命起源领域"重燃战火"。英国天体物理学家弗雷泽·霍伊尔率先宣布，星际尘埃上面带有极为细小的呈一定规则的碳颗粒。

消息不胫而走，很多人立刻对来自天外的陨石发生浓厚兴趣。经实验，研究人员不得不想像，如此特殊的碳颗粒也许由孢子或细菌转化而成。

射电望远镜

1972 年，人们搜寻太空时观察到具有特定辐射频率的有机分子链和氨基酸。1975 年，射电望远镜探测到甲醛聚合体。之后 10 多年间，人们又异常兴奋地找到包括甲酸、甲烷和乙醇等在内的 50 多种有机分子。以碳为基础的门类丰富的有机物，凝集于宇宙尘埃上或是以彗星作载体，随时准备飞向迎接它们的任何星球。

最新研究揭示，每天都有数百万颗直径几十厘米到几十米不等的宇宙"雪球"坠入地球。主要由冰块和少量岩石混合成的天外来客，到达离地表约 1 600 千米上空时，冰块开始蒸发并释放大量的水蒸气，暴露的岩石则继续朝地球大气层降落，其中一部分像流星一样燃烧殆尽。在彗星途经地球的日子里，此类现象便格外突出。

宇宙雪球，或是被冰层重重包裹的宇宙尘埃，以及无数次大大小小的"彗星雨"，不仅携带有品种丰富的有机物，而且在原始地球的地表上描绘出一幅波澜壮阔的蓝图：大气弥漫，云雾缭绕，风雨交加，山泉叮咚，河流纵横交错，湖泊星罗棋布，一个实实在在能使有机分子继续维持的良好环境。在此基础上形成的全新认识，还诱发人类以新的思索来自宇宙深处的"客人"们会不会蕴藏有生命的火种呢？

那么，让我们接着讨论生命起源的第二个关键环节。依照进化学说的推测，地球初始生命是在有机高分子物质组成多分子体系后，再经蛋白质和核酸两大主要成分的相互作用逐步形成的。遗憾的是，目前尚无法像合成氨基酸那样，借助实验对这一最有决定意义的阶段进行证实，迄今为止也拿不出其他可信的证据能说明氨基酸可以通过飞跃演化为复杂的生命机体。与此同时，一些学者却渐渐发现，初始生命会自天而降。

1981年，一批日本天文学家十分震惊地看见，彗星受到阳光照射时，除释放气体、拖出常见的尾巴外，还有一条尾巴。组成第二条尾巴的是些微粒子，其大小与细菌一模一样。同一年，德国学者撰文指出，彗星微粒子的折光率与干瘪的细菌如出一辙。未过多久，人们又陆续在金星、木星的大气层中找到形同细菌的粒子。金星上粒子的折光率和生物孢子相同，木星上粒子的折光率和杆状细菌一致。

近年披露的资料表明，美国人早在60年代末即已知道太空中存有细菌。1967年4月20日，宇宙飞船"勘测者3"号着陆月球，1969年11月20日"勘测者3"号上的摄像机被登上月球的"阿波罗12"号的航天员收回。生物学家随即对这架摄像机进行了40分钟的仔细

彗 星

检查，发现上面居然黏附着为数众多的链球菌属细菌。如今，无边无际的苍茫宇宙里存活着相当高级的微生物，已不是鲜为人知的事实。

从低至零下250℃的星际空间到高达306℃的海底火山口，从布满核燃

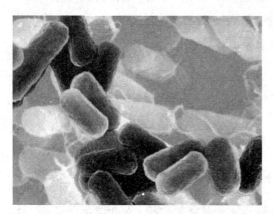

细 菌

料的原子反应堆到长年累月经受紫外线照射的同温层外围，处处都能寻觅到细菌的踪迹。有人曾将一个细菌置于能使人毙命的X射线辐射下，结果在它细微的"遗传体"中产生了1万道不同的裂痕，可没过一会儿这个细菌马上开始修复所遭受的巨大损伤并很快恢复了生命

力。据此不难想像，当细菌以"软着陆"方式斜向飘落地球时，会安然无恙，不致中途夭亡。

最早的微生物出现在 38 亿年之前，至今在古老的沉积岩中仍能搜寻到它们的痕迹。那时，稳定的地壳已初步形成，地表被厚实的大气层和海洋覆盖。在漫长的岁月里，历经严酷的自然选择，生命与环境相适应的有利变异被定向积累，有用的器官不断发达，无用的器官逐步退化，生命朝着日趋复杂的方向及多物种化演变。

生命来自宇宙。尽管地球生命依其特定的环境发展为一定的形式，但这并不意味着唯独地球才有生命。随着宇宙技术、探测手段的日新月异，人们的视野愈加开阔。地球，不是一个孤立的封闭的天体，地球生命的出现可能是广袤的宇宙中存在生命现象的一个较好例证。

知识点

彗　星

彗星，我国旧时俗称"扫把星"，是太阳系中小天体的一类。由冰冻物质和尘埃组成。当它靠近太阳时即为可见。太阳的热使彗星物质蒸发，在冰核周围形成朦胧的彗发和一条稀薄物质流构成的彗尾。由于太阳风的压力，彗尾总是指向背离太阳的方向。

延伸阅读

神秘的生命起源

从古至今，有很多说法来解释生命起源的问题。如西方的创世说，中国的盘古开天地说等。但直到 19 世纪，伴随着达尔文《物种起源》一书的问世，生物科学发生了前所未有的大变革，同时也为人类揭示生命起源这一千古之谜带来了一丝曙光，这就是现代的化学进化论。生命起源的化学进化论在1953年首先得到了一位美国学者米勒的证实，米勒描述的生命起源的事件应该是这样的：那就是在早期，地球上因为含有大量的还原性的原始大气圈，比如说甲烷、氨气、水、氢气，还有原始的海洋，当早期地球上闪电作用把这些气体聚合成多种氨基酸，而这多种氨基酸，在常温常压下，可能在局部浓缩，再进一步演化成蛋白质和其他的多糖类、以及高分子脂类，在一定的条件下有可能孕育成生命，这就是米勒描述的生命进化的过程。

生命起源是一个亘古未解之谜，地球上的生命产生于何时何地？是怎样产生的？千百年来，人们在破解这一谜底之时，遇到了不少陷阱，同时也见到了前所未有的光明。在2 500年前的春秋时代，老子在《道德经》里写到，道生一，一生二，二生三，三生万物。用现在的话说，就是地球上的生命是由少到多，慢慢演化而来。它们有一个共同的祖先，这个祖先就是一，而这个一是由天地而生，用今天的话说，可能就是由无机界所形成。

生命的起源应当追溯到与生命有关的元素及化学分子的起源。因而，生命的起源过程应当从宇宙形成之初、通过所谓的"大爆炸"产生了碳、氢、氧、氮、磷、硫等构成生命的主要元素谈起。

大约在66亿年前，银河系内发生过一次大爆炸，其碎片和散漫物质经过长时间的凝集，大约在46亿年前形成了太阳系。作为太阳系一员的地球也在46亿年前形成了。接着，冰冷的星云物质释放出大量的引力势能，再转化为动能、热能，致使温度升高，加上地球内部元素的放射性热能也发生增温作用，故初期的地球呈熔融状态。高温的地球在旋转过程中其中的物质发生分异，重的元素下沉到中心凝聚为地核，较轻的物质构成地幔和地壳，逐渐出现了圈层结构。这个过程经过了漫长的时间，大约在38亿年前出现原始地壳，这个时间与多数月球表面的岩石年龄一致。

生命的起源与演化是和宇宙的起源与演化密切相关的。生命的构成元素如碳、氢、氧、氮、磷、硫等是来自"大爆炸"后元素的演化。资料表明，前生物阶段的化学演化并不局限于地球，在宇宙空间中广泛地存在着化学演化的产物。在星际演化中，某些生物单分子，如氨基酸、嘌呤、嘧啶等可能形成于星际尘埃或凝聚的星云中，接着在行星表面的一定条件下产生了像多肽、多聚核苷酸等生物高分子。通过若干前生物演化的过渡形式最终在地球上形成了最原始的生物系统，即具有原始细胞结构的生命。至此，生物学的演化开始，直到今天地球上产生了无数复杂的生命形式。

陨石引发的争论

　　陨石是一种从天而降的地外物质的总称，其中有一类色黑、易脆的陨石称为碳质球粒陨石。早在 19 世纪初，人们就猜想这种陨石中存在包括氨基酸在内的有机化合物。然而，却意外地发生了一次"恶作剧"。1806 年法国南部阿莱斯地区从天降落了一块碳质球粒陨石，村民们请当时著名化学家化验，经过分析认为含有有机物，甚至还有芦苇、种子之类的东西。此事轰动一时。后经过追查发现，这些东西是在陨石陨落后不久由天主教牧师有意混进去的。这一恶作剧使后来许多科学家在思考这一问题时仍然心有余悸。

　　到了 20 世纪中叶，分析化学有了很大进步，不但可以测定试样中极微量的氨基酸，而且还可以区分这些氨基酸的来源。1965 年，化学家汉密尔

陨　石

顿对陨石中氨基酸和人手指纹中氨基酸进行比较，结果发现十分相似。还有人发现，10 个指纹中所含氨基酸的量相当于 1 克陨石中所含的总量。

　　接受以前被戏弄的教训，有的科学家一直怀疑陨石中氨基酸是地球物质污染所致，大家都等待着从天上陨落一颗新的陨石。这一天终于到来了，

1969 年 9 月 28 日，在澳大利亚墨尔本北部玛奇逊地区陨落了一块陨石。研究人员赶到现场，推测这是大家盼望已久的碳质球粒陨石。当时，美国宇航局埃姆斯研究中心准备了超洁净实验室，并配备专门仪器和化学试剂。刚陨落的陨石很快用飞机送到那里。研究人员先将陨石外部剥掉，中心物质制成粉末，研究工作非常小心地进行，以避免被地上物质污染。结果发现，1 克试样中含有 6 微克甘氨酸，3 微克丙氨酸和谷氨酸，1.3 ~ 1.7 微克天冬氨酸。这项测定令人信服地证明包括氨基酸在内的有机物是陨石固有的，不是地球物质污染所致，至此终于结束了关于陨石中有无氨基酸的争论。

在肯定氨基酸是陨石固有的论据中，最关键的是氨基酸手性研究。原来，除最简单的甘氨酸外，其他氨基酸都含有一个不对称碳原子连接 4 个不同基团，这 4 个基团在空间有两种不同排列。两者相当于物体与它的镜像，即像我们的两只手互为镜像，无论怎么旋转都不可重叠，

陨石坑

左手用 L－表示，右手用 D－表示。地球上生物主要是由 L－氨基酸组成。这就是氨基酸分子的手性。但是，在玛奇逊陨石中的氨基酸除 L－氨基酸外，还发现几乎等量的 D－氨基酸。由于 D－氨基酸在地球上不存在，因而它不会是地球物质污染所致。

就在肯定碳质球粒陨石中存在非地球氨基酸之后不久，1982 年，有两位科学家提出证据，认为陨石中 L－氨基酸多于 D－氨基酸。很快，这一结论受到其他人的批评，认为过量的 L－氨基酸是地球污染所致。到此为止，关于陨石中两种氨基酸是等量的，还是 L－型多于 D－型，双方争持不下。

我们地球因为有各种生物繁衍生息而生机盎然、气象万千。然而，包括生物学、地质学、天文学等多方面的证据表明，诞生于 45 亿年前的地

球，在经过漫长的 7 亿~10 亿年无生命阶段之后，才于 35 亿~38 亿年前出现生命。人们世世代代都在思考这样的问题：生命是如何诞生的？这个问题成为科学上的一大谜团。60 年代以来，由于在陨石、彗星和星际物质中发现有机物，人们才逐渐接受了这样的概念：地球上生命是来自地球之外物质演化的结果。

星 云

陨石是太阳系成员，彗星有的来自太阳系，有的来自近太阳系周围。在更遥远的太阳系外是否也存在氨基酸？宇宙化学家坚信，在星际空间应该观测到氨基酸。人们寄希望于星际分子的观测与研究。

果然，1994 年美国依利诺斯大学射电天文学家利用 6 台射电望远镜组成的天线阵，观测位于银河系中心方向的 B2 星云，在其中发现 93 种星际分子，从而得到"星际分子宝库"美称。选定 85 兆~115 兆赫波段终于发现了甘氨酸。这一发现具有重要意义。它证实了理论研究的成功，表明在星际空间的确存在构成生命的基本"砖块"。这将更加鼓舞那些深信在地球之外有生命的人去努力探索。

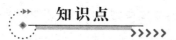

知识点

甘 氨 酸

甘氨酸又名氨基乙酸，是氨基酸系列中结构最为简单，是人体非必需的一种氨基酸，在分子中同时具有酸性和碱性官能团，在水溶液中为强电解质，在强极性溶剂中溶解度较大，基本不溶于非极性溶剂，而且具有较高的沸点和熔点，通过水溶液酸碱性的调节可以使甘氨酸呈现不同的分子形态。

延伸阅读

陨 石 坑

地球上已发现的撞击陨石坑超过120个，大部分是2亿年以内形成的。一般来说，更大的更老一些。一个靠加拿大安大略省萨德伯里的陨石坑，其直径有145千米。它大约有18亿岁了。另一个唯一与它一样年纪的陨石坑是在南非的费里德堡。

加拿大拥有地球上残存的大部分的陨石坑，尽管只有一个是老的。在魁北克的马尼夸根湖的一个陨石坑大约有2.1亿年的历史，它注满了雨水，现在已经形成了一个直径74千米的湖，造成这个湖的陨石的直径应该将近3千米。

地球上现存的最大的陨石坑来自于太阳系历史中较近的时期。在亚利桑那州沙漠中的巴林格尔陨石坑是大约在3万年以前由一个铁陨星撞击形成的。据估算，铁陨星的直径为60米，质量超过100万吨。

世界上没有爆炸的最大的陨石比起形成一些最大陨石坑的古老天体来要小得多。在非洲西南部纳米比亚的霍巴西部陨铁有60吨重，体积为2.75米×2.75米×1米。这可能是几千年前落至地球的，但是没有留下陨石坑。唯一合乎逻辑的解释是它以一个很小的角度接近地球，导致它的速度比通常的情况要小很多。

已知的第二大陨石重30吨，像最重的十大陨石一样，是由铁组成的。阿赫尼格亥托陨石或特恩特陨石于约1万年前坠入格陵兰的约克角。这最终成为约克角上因纽特人的奇物，他们用陨石碎片制作鱼叉的金属头。现在这块陨石保存在纽约美国自然历史博物馆。

每年落到地球上的陨石物质使地球增重大约 1 万吨，大多陨石物质不比沙粒大。大到足以产生"火球"的陨石是很稀有的。全世界的民间传说都充满着"轰隆隆的雷石"的故事以及其他奇妙的自然现象。一些重大的陨石坠落事件都有记载，尽管直到 19 世纪人们才普遍相信陨石来自地球大气圈之外。

地外文明遐想

从理论上说，宇宙是无限的。地球只是太阳系中的一颗行星，而太阳系只是银河系中一个极小的部分。整个银河系中有几千亿颗恒星，类似太阳系这样的星球系为数不少，其中肯定有与地球类似的行星。可以猜测，地球绝不是有生命存在的唯一天体。但是，人类至今尚未找到另外一颗具有生命的星球。

哪些天体上可能有生命存在呢？这个天体又必须具备什么样的条件呢？人们了解了生命起源的过程之后，认为至少应有这样几个条件：一是适合生物生存的温度，一般应在零下 50℃ 至零上 150℃ 之间；二是必要的水分，生命物质诸如蛋白质、核酸和酶的活力都和水紧密相关，没有水，也就没有生命；三是适当成分的大气，虽然已发现少数厌氧菌能在没有氧气的条件下生存，但氧气和二氧化碳对于生命的存在是极为重要的；四是要有足够的光和热，为生命体系提供能源。

根据这些条件，科学家首先对太阳系除地球以外的其他行星进行了分析。水星离太阳最近，向阳时表面温度达到 300℃～400℃，不可能存在生命。金星是一颗高温、缺氧、缺水、

金　星

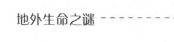

有着强烈阳光辐射的行星，也不可能有生命存在。木星、土星、天王星和海王星离太阳很远，它们的表面温度，一般都低于零下140℃，因此，也不可能有生命存在。

太阳系中唯一还可能存在生命的星球是火星。火星与地球有不少相似之处：地球自转一圈是23小时56分4秒，火星自转一圈是24小时37分；地球自转轴与轨道平面有66°34′的倾角，而火星的倾角为66°1′，所以火星和地球一样有昼夜，有四季，火星的两极也和地球一样，被冰雪封冻着。更有趣的是，1879年，意大利的一位天文学家观察到火星表面有很多纵横的黑色线条，人们猜测这是火星人开挖的运河。人们还观察到火星表面的颜色随着季节而变化，有人认为这是火星表面植物随着季节的变化而改变了颜色。

为了揭开火星神秘的面纱，科学家们决定利用宇宙飞船对火星作近距离的观测。1971年，美国发射的"水手9号"宇宙飞船进入了环绕火星飞行的轨道，给火星拍摄了大量的照片。这些照片表明，意大利天文学家观察到的所谓"运河"，原来是一连串的暗环形山和暗的斑点。通过近距离观测还发现，以前观察到的火星表面上所谓颜色的四季变化，并不是由于植物的生长和枯萎造成的，而是由于风把火星表面上的尘土吹来吹去，才造成了颜色明暗的变化。

宇宙飞船还发现，火星是一个非常干燥的星球，在它的大气中虽然找到了水汽，但含量极少，只有地球上沙漠地区的1%；火星的大气层非常稀薄，96%是二氧化碳，氧气含量极少；火星表面温度很低；火星上没有磁场，它的大气层中又没有臭

陨石雨

氧层，因而不能抵御紫外线和各种宇宙线的照射。所有这些因素都说明，在火星上生命难以生存。

为了对火星作进一步的考察，1976年，美国发射了两艘名叫"海盗

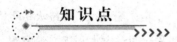

号"的宇宙飞船。这两艘飞船在火星着陆，进行了一系列的分析和测试，取得两项重要成果，一是在火星的土壤中未检测到有机分子；二是在火星表面取样的培养中，未发现微生物的存在。这两项结果证明，在飞船着陆的地区，火星表面没有生命存在。科学家又提出，生命物质是否会存在于火星的岩层之中呢？这有待进一步进行研究。

人们至今尚未能在地球以外的太空中找到生命，但科学家仍然相信那里存在着生命。近年来，通过对落在地球上的一些陨石进行分析，发现太空有有机分子存在。1976年我国吉林省下了场陨石雨，经过对其中最大陨石块进行取样分析，也找到了有机分子。

地球之外是否有生命存在，是人类仍在探索的宇宙生命之谜。

知识点

摄 氏 度

摄氏度是目前世界使用比较广泛的一种温标，用符号"℃"表示。它是18世纪瑞典天文学家安德斯·摄尔修斯提出来的。摄氏度＝（华氏度－32）÷1.8。其结冰点是0℃，在1标准大气压下水的沸点为100℃。现在的摄氏温度已被纳入国际单位制，摄氏温度的定义是 $t = T - T_0$。

延伸阅读

美探测器拍下火星季节奇观

据英国《独立报》报道，美国宇航局2005年发射升空的火星勘测轨道器利用其所携带的超高分辨率成像科学实验照相机，拍摄到火星表面的惊人照片，这些照片展示了这颗红色行星拥有的独特地质特征。

该照相机搭乘着火星勘测轨道器（MRO），已经拍摄到远古地外海洋和河流轮廓的清晰图片，这是证明火星上曾存在海岸线的第一手确凿证据。该照相机还非常清晰地观察到，火星春季的暖气流促使尘埃从极地薄薄的干冰（固体二氧化碳）层上经过，在这颗红色行星表面形成诡异的"星爆"图案。

加利福尼亚州帕萨迪纳美国宇航局喷气推进实验室的坎迪斯·汉森·科哈彻克说："火星上的春天跟地球上的春天存在很大不同，因为这颗红色行星不仅拥有永久性冰盖，而且还拥有季节性二氧化碳极盖。我们认为，当火星上的季节性极盖变薄时，极盖下面的气体对它产生的压力显得更大。当气体遇到较薄的冰层或者裂缝时，就会从开口处喷出来，喷出时这些气流往往会携带一些冰层下的尘埃。"

超高分辨率成像科学实验照相机除了在可见光谱范围内进行操作外，它还能在近红外区域进行观察，收集有关构成火星地形的岩石和尘埃的矿物成分的信息。对一台航天探测器照相机来说，远视镜头使它的清晰度达到空前水平，可以分辨宽度仅为 4 英尺的地表特征。火星勘测轨道器利用这些高清晰图像，可以不断扩大火星地形图库，展示出这颗红色行星地表的分层物质、沟渠和侵蚀产生的渠道，其中一些可能是在流水作用下，最近才形成的。美国宇航局的科学家认为，如果能通过这些观测资料为 21 世纪可能要进行的载人火星任务选择出合适的登陆点，那么它们的价值将无法估量。

火星勘测轨道器的设计目的主要是对火星表面、地下和大气进行仔细研究。该探测器的任务目标是确定火星上曾经是否存在生命，刻画该行星的气候和地质特征，为可能的人类探索任务做准备，例如定位现有水源，为未来宇航员提供生命支持系统。然而目前面临的最大问题，是确定是否火星上的水存在的时间足够长，为地外生命的产生和进化提供了生存基础。虽然我们已经知道火星上曾存在水，而且被冻结的地表下现在可能仍存在水，但是有关火星生命的问题，现在仍是个谜。

美国宇航局发言人说："虽然其他火星任务发现，火星历史上曾有流水在它表面流过，但是目前仍不清楚，是否火星上的水存在的时间足够长，为地外生命提供了一个生存空间。火星勘测轨道器将负责研究火星的水历史。"它用了 7 个月时间飞往火星，接着花了 6 个月时间减速，以便进入预定轨道进行科学研究。该探测器是继美国宇航局的火星环球观测者之后的另一颗探测器，它对火星地质特征进行了探测，并获得迄今为止最详细的信息。火星环球观测者在电池失去作用后，于 2007 年 4 月停止运行。

寻找地外生命

作为探索宇宙奥秘的工作的一部分，科学家也在积极地探索地球以外的生命，也在积极地搜寻有没有外星人的信息。这种科学的探索早在 20 世纪 50 年代就开始了。

1959 年，科可尼和莫里森两人合写了一篇文章，登在英国著名的《自然》杂志上。文章说根据他们的计算，如果宇宙中别的地方有智慧生命，而且它们的科学水平和我们 1959 年的水平相当。那么，它们应该可以收到地球人发射的无线电信号。同样，如果它们想向我们发射无线电信号，我们也可以收到。尽管距离极其遥远，需要几千、几百年才能交谈一句话，但是毕竟是可以交流的。他们俩还研究了进行星际无线电波交流的最佳波长，这个波长是氢原子的 21 厘米波长。因为，氢是宇宙中最丰富的元素，而且它的 21 厘米波长也容易探测到。

这篇文章大大地激发了人们探测地外文明的热情，增强了人们的信心。因为它告诉我们，只要有外星人，只要外星人的科技水平和我们差不多，我们之间就可以互相交流。这篇文章是科学地探测外星人的开始。

人类已经在地球上生活了大约二三百万年。从前，人类以为自己是万物之灵，宇宙间唯一有智慧的生命，甚至认为地球是整个宇宙的中心。后来，随着科学技术的进步，人们的眼界开阔了，才懂得宇宙的广大无边，它远远超越了我们的想象，而地球实在是太小了，当然更不是宇宙的中心。

于是人们想象：宇宙这样宽阔，或许其他星球上会生活着一种与人类相似的智慧生物——外星人。这样的想法深深地吸引了一些热衷于寻找外星人的人们。

16世纪，有人用望远镜观测火星时，发现了许多互相交错的网纹，便以为那是"火星人"开凿的"运河"。1935年，美国一家电台广播说火星人来到了地球，引起了一场虚惊。而英国一位作家创作了一本名为《大战火星人》的科幻小说，其中对火星人作了许多绘声绘色的描述，更引发了一系列有关"火星人"的小说和电影的诞生。

到底有没有火星人？在只有望远镜的时代，它一直是个谜。到了20世纪60年代，探测飞船终于上了火星，解开了这个一直困扰人们的谜：火星比地球冷得多，表面到处是泥土石块，经常狂风大作，飞沙走石，上面没有任何生物，当然更没有火星人。

这个谜解开以后，天文学家进一步分析认为：在太阳系里，除地球外，其他行星都没有生物生存所必须的环境条件。因此，地球上的人类是太阳系里唯一有智慧的生物，要找外星人，必须到太阳系之外。

火星上的"运河"

1972年，美国发射了"先驱者10号"飞船，它于1987年飞出了太阳系，飞船上的金属片刻画了人类的形象、人类居住的地球以及太阳系的位置。1977年，美国的"旅行者一号"又给外面的世界带去了更丰富的信息，包括一部结实的唱机和一张镀金的唱片，唱片上收录了几十种人类语言和多首音乐作品（其中有中国的古曲）。人们热切地期望外星人会收到它。

1977年9月5日发射的旅行者1号太空探测器，是人类第一次以科学的方法尝试联系他们。虽然科学家鉴于星球间存在着巨大的距离，认为即使有外星人，也不可能飞抵地球，但他们并未否定外太空存在生命的可能。

为了和外星人取得联系，科学家们甚至还制造了庞大复杂的设备，试图向外星发射信息和接收来自外星的信息。但是，经过了许多努力，人们依然没有找到外星人。一些见到外星人的说法也仅仅是传说，难以得到有力的证实。

值得一提的还有飞碟。许多人声称看到过它，也猜想它就是外星人驾驶的飞船，可这也仅仅是一种猜想而已。

那么，到底有没有外星人呢？科学家分析，宇宙间像地球这样这样的行星肯定还很多，某些与地球环境相似的行星确实很可能有外星人，但是由于我们的航天、通讯技术尚未足够发达，要找到他们我们还必须加倍努力才行。

为了寻找地外生命，1999 年 5 月 24 日，一个名为"相遇 2001"的公司借助克里米亚半岛的乌克兰叶夫帕托里亚直径 70 米的射电望远镜，朝 4颗 50～70 光年远的类太阳恒星方向发射了一系列射电信号，这是人类 25年来第一次有意识的星际广播。

早在 1974 年 11 月 16 日，美国射电天文学家德雷克曾用阿雷西博直径305 米的射电望远镜向 24 000 光年以外的球状星团 M13 发送过信号。可那次信息的长度仅为 3 分钟，由 1 679 个字节组成，其中包括了地球在太阳系中的位置、人类的外形和 DNA 资料、5 种化学元素的原子构成形式以及一个射电望远镜的图形。

相比之下，此次发送的信号比德雷克的那些内容更为丰富，而且被地外生命接收到的可能性更大。该信号的发送频率为 5 010 千赫兹，比电视广播强 10 万倍，长度达到 40 万比特，它包括一系列页面，有地球和人类的详细资料、基本符号、用逻辑描述的数字和几何、原子、行星及 DNA 等信息，并在 3 小时内重复发送 3 遍。

当然，两次信息的发送都使用同一种二进制数学语言，因为只有这种语言，我们才有可能和宇宙中假定存在的地外生命沟通。科学家们相信，任何具有一定数学知识的地外生命都有能力破译这些二进制编码，进而了解其内容。如果他/她/它真能截取并记录下这些信号，那么就会了解地球、太阳系、人体、人类文化和技术水平的大致状况。

　　另一方面，由于缺乏功能足够强大的计算机，科学家们还建立了 SETI @ home 系统，以便在处理射电望远镜收集到的地外生命信号时，得到全球计算机用户的帮助，防止这些信号溜掉。

射电望远镜阵列

　　除此之外，这个由国际上多家航天业、信息业和生物化学业领域的知名企业联合组成的"相遇 2001"公司还肩负着另一项重要任务：在 2001 年年底发射一艘小型宇宙飞船。这艘飞船将一直在宇宙中漂流，直至有一天被地外生命截获为止。它载有更多的人类信息，并可以将数以 10 万计的志愿参加者的照片、手写信息和头发标本送入太空。其中，头发标本经过特殊处理后，可以使其所含的人体 DNA 信息保存完整。

　　目前，由中国、澳大利亚、法国、德国、意大利等全球 20 个国家的科学家们筹划建造的，全世界最大规模的射电望远镜阵列（SKA）已经进入倒计时。据悉，SKA 项目由 3 000 台直径大约 15 米的较小天线组成。按照计划，SKA 项目工程将于 2016 年开工，在 2020 年底前完成第一阶段施工，全部工程将在 2024 年完成。SKA 投入使用后，其灵敏度将比世界上现存最先进的宇宙探测设备高出 50 倍，分辨率高出 100 倍，而其搜寻速度将会高出 1 万倍。因此将来它可以更好地帮助科学家们对外星人进行监听，人类对于宇宙的探索肯定将会有更多激动人心的发现。

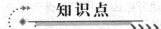

星 团

星团是指恒星数目超过 10 颗以上，并且相互之间存在物理联系（引力作用）的星群。由十几颗到几千颗恒星组成的，结构松散，形状不规则的星团称为疏散星团，它们主要分布在银道面因此又叫做银河星团，主要由蓝巨星组成，例如昴宿星团（又名昴星团）；上万颗到几十万颗恒星组成，整体像圆形，中心密集的星团称为球状星团。

延伸阅读

美科学家或将发现第一个"外星人星球"

据国外媒体报道，美国国家航空航天局的科学家称，第一个真正意义上的"外星人星球"将在未来两年内被发现。到目前为止，天文学家已经确认了超过 750 个外星世界，而开普勒系外行星探测器已经"标记"出 2 300 个"候选行星"，正在等待科学家的进一步确认。科学家的目标是发现与地球空间环境类似的系外"类地行星"，比如在大小上接近地球、轨道位置也要处于恒星周围的可居住带上，可能在的话，上面或许存在外星生物。

根据美国国家航空航天局华盛顿总部的研究人员、系外行星生物学家肖恩·多马加尔·戈德曼在一份声明中表示："我相信开普勒系外行星探测器将在未来两年内发现位于恒星可居住带上的类地行星，我们能够在夜空中指着一个星球说，那就是一颗可以支持生命的星球。"

对于美国国家航空航天局而言，该机构的其他科学家似乎也乐于分享行星生物学家戈德曼的乐观前景，研究人员已经着手探索"外星人星球"上各种物化成分的方法，一旦发现这类星球的存在便可马上开始探测。事实上，我们很难直接观测到系外行星的"倩影"，因为只有地球大小的行星在如此遥远的距离上，几乎被它们的恒星耀眼的光芒所"吞没"，而研究人员则是通过"凌日法"来发现系外行星的存在，即系外行星通过恒星盘面时，恒星的光线就被遮挡，会出现微弱的亮度降低，这样便可发现系外行星的踪迹。

"凌日法"用于探测系外行星的过程中，也可以接收到穿过系外行星大气的光线，通过进一步的光谱分析，便可以从这些光线中了解到行星大气中所蕴藏的各种组成成分，就如同大气指纹，可以准确反映各种元素的含量。据位于美国国家航空航天局总部的科学家、开普勒探测器任务的研究人员道格·赫金斯介绍：系外行星高层大气的反射光告诉了我们关于这颗行星的故事。

随着更好的探测仪器和方法被用于搜索位于遥远宇宙空间的"外星世界"，科学家系外下一代的空间望远镜不仅仅具有能发现系外行星的能力，也应该可以直接给出行星大气组成成分，比如云层覆盖的情况，甚至可以告诉我们系外行星地表是什么样子，是否存在海洋、以及海洋覆盖面积占行星表面积的多少、还有多少陆地等。

对此，行星生物学家多马加尔·戈德曼期待着重大发现和惊喜，他认为：我们发现如此多的"外星世界"使我们感到很惊讶，当我们发现真正意义上的"外星人世界"时，在进一步的研究过程中，我们还可能发现外星生物与它们的行星环境相互影响的痕迹。自然界的多样性比我们预料的更加丰富多彩，当然也包括外星生物。

地外文明究竟有多少

1961 年 11 月，诺贝尔奖获得者梅尔文·卡尔文，以及吉尤塞佩·科科尼博士、黄苏树博士、菲利普·莫里森博士、弗兰克·德雷克博士、奥托·斯特鲁夫博士、卡尔·萨根博士等 11 位权威，在美国西弗吉尼亚州绿岸的国家射电天文台，举行了一次探讨地外文明的秘密集会，他们提出了一个计算地外文明数量的公式：$N = R_t f_p n_e f_l f_i f_c L$，被称为绿岸公式。式中，$R_t$ 是类似太阳的新生恒星的年平均数；f_p 是可能有生物的恒星数；n_e 是运行轨道在其恒星的生物域中，因而从人类标准看具有生命发展条件的行星的平均数；f_l 是其中条件特别优越、生命实际上已经出现的行星数；f_i 是其所属的恒星存在期间住有智慧生物的行星数；f_c 是住着已经有了先进技术文明的智慧生物的行星数；L 为文明期延续时间。

根据这个公式，以每一项取最低值和最高值计算，在银河系有 40 万 ~ 5 000 万个文明社会。

1982 年，联合国召开了第二届"探索与和平利用外层空间"大会，大会的备忘录《有关外层空间科学的现状与未来》说："如同在地球上形成生物一样，在围绕着某些恒星旋转的行星上，也可能有生物形成。不仅如此，它们也许已经经历一定的演化过程，进入文明社会。"备忘录还指出，由于某些恒星的年龄达 200 亿年，而太阳系的年龄只有 45 亿年，因此，在宇宙中可能存在着比我们人类文明长几百万年的高级文明。

一些科学家认为，生命演化的过程是在整个宇宙范围内进行的，生命是宇宙间的普遍现象，地球绝不是宇宙中唯一的生命孤岛。如果认为地球是宇宙中唯一有人居住的地方，就像大地只生长一种植物那样荒谬。

首先，地球上的生物并不是什么奇特的东西，组成成分并没有非常特殊的物质，主要是碳、氢、氧、氮，还有少量的铁、磷、钙、镁，这些元素在其他星球上也存在。

其次，早期的地球环境，也是不适合高级生物生存的。如没有氧，也没有臭氧层保护不受紫外线的直接照射等。但生命恰恰就在这种环境中演化，并不断地改变着环境条件。即使某些星球的环境条件与地球不完全相同，也会有不同的生物形式产生和发展，并逐渐改变那里的环境条件。

冯·布劳恩认为，虽然"至今我们还没有证据或迹象说明，在我们银河系中曾有或现在仍有比我们历史更悠久、技术更先进的生物。但是，从统计学和哲学的观点看，我相信这些更先进的生物是有的"，"在广袤无垠的宇宙中，不仅有植物和动物，而且也有智慧生物存在，这是极可能的"。英国数学家和天文学家弗·霍尔等人具体指出，在银河系每 1 000 颗恒星中，就有 1 颗有生命演化条件的行星存在。这样，仅银河系就可能有 20 亿个生命发展的场所。而且，每 10 万个具有生命的星球中，有 9 万个星球上的文明程度超过地球。还有人认为，宇宙中 5 亿年前就有智慧生物向外移民了。在这以前，自然还有几亿年的文明发展期。当然，正像布劳恩强调的那样，"对这个论点，我们还没有可靠的科学基础"，"考虑到太阳系与其他星系相距遥远，我们的银河系与其他星系相距更远，我怀疑我们能否证实这些生命形式的存在或同他们直接联系。"

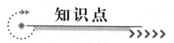

知 识 点

恒 星

恒星是由炽热气体组成的，是能自己发光的球状或类球状天体。由于恒星离我们太远，不借助于特殊工具和方法，很难发现它们在天上的位置变化，因此古代人把它们认为是固定不动的星体。我们所处的太阳系的主星太阳就是一颗恒星。

延伸阅读

宇宙漂流瓶

1974 年 11 月 16 日，在波多黎各落成了一座巨大的射电望远镜——阿雷西博射电望远镜。正如新船下水要敲碎一个酒瓶，作为落成典礼的一部分，科学家用它向武仙座球状星团 M13 发出了一封"地球电报"。这个

"地球漂流瓶"需要2.4万年才能到达M13附近。这是人类第一次有意识地向宇宙的其他部分表明自己的存在。既然我们能向外拍发这样的电报，为什么不去听一听别人会不会给我们广播一点什么？事实上，早在1960年，天文学家弗兰克·德雷克就领导开展了这样的一个计划，称之为"奥兹玛"计划。这个计划使用一架26米的射电望远镜进行了几个月的观测，结果一无所获。然而，科学家认为使用无线电追踪地外文明的踪迹是可行的。经过计算，把一个英文单词用波长3厘米的微波发射到1000光年外的地方，并且用地球现有的技术把它接收到，只需花费不到1美元。这与前面提到的向银河系发射宇宙飞船的花费形成了鲜明对比。

旅行者号携带的"地球之声"金唱盘。它的象征意义更为明显，而不能过于指望其他文明能够听到它。

人类第一次有意识地向宇宙表明自己的电报。这个电报以二进制方式发送。普通人大概只能看出双螺旋、人类外形和阿雷西博射电望远镜的形状。然而科学家相信地外文明能够理解其中的含义。

那么，应该在什么频率上追踪地外文明的"漂流瓶"呢？科学家主要把目光放在了1.42GHz、1.667GHz、22GHz附近的微波波段上。第一个频率是氢原子发出的无线电波的频率、第二个是羟基（-OH）的频率、第三个则是水分子的。这些频率被形象地称为宇宙"水坑"（water hole）——不是非洲大草原上动物们喝水的地方，而是被认为最有可能进行星际通讯的波段。选择这些波段的理由是，氢是宇宙中最丰富的元素，羟基和水在生命活动中扮演了至关重要的角色。

所有这些寻找"漂流瓶"的项目有一个共同的名称：搜寻地外文明（SETI）。现在，最大的无线电SETI是"凤凰"计划（Project Phoenix）。SETI不产生任何短期的、直接的经济效益。像所有的SETI计划一样，"凤凰"计划的研究人员也时常感到经费的拮据。不过，人们可能更加熟悉另外一个SETI计划，那就是SETI@home。它是由加州大学伯克利分校开展的，借助一个屏幕保护程序处理阿雷西博射电望远镜接收的无线电信号，目前已经有几百万人参与到了这个计划中。

当然，科学家也不紧紧盯着"水坑"，他们同样也监视某些红外线、紫外线甚至可见光波段。光学波段的 SETI 是最近才兴起的，追踪目标是地外文明发出的激光脉冲。

地外生命在何方

人类决心坚韧不拔地寻觅自己的宇宙智慧兄弟——在世界各地已建起宇宙监听站，渴望能接收到来自地外文明的人工信号。与此同时，又向遥远的星空发射了无线电信号，期盼其他星球上智慧生物的代表能收听到这些信号。在上文中我们提到，1974 年 11 月 16 日，安装在波多黎各岛上的世界宇宙天文学著名的阿雷西博射电望远镜，向浩翰的银河系空间发射了涵义深刻而功率强大的密码式无线电信号，密码中蕴含着有关地球及其人类的极其重要的信息。这次探索地外文明的信号发射并非是一种碰运气的盲目行动，无线电信号是对准武仙座中古老的 M13 球状星团而发射的。据计算，这个星团中约有 30 万颗恒星，每一颗恒星的年龄都是太阳年龄的 2 ~3 倍。天文学家认为，一定会寻觅到比我们年长的宇宙智慧兄弟——科技高度发达的地外文明的栖身之地。要知道，我们距离 M13 球状星团有 2.4 万光年之遥，考虑到该星团中即便存在智能生物，待他们接收到我们发出的信号后再向我们发出回答的信号，要接收到那返回的信号，已是我们久远后代的事了！然而，对此举的种种奇谈怪论纷纷出台，有人认为，这些寻觅地外文明的举措根本就是徒劳的：在这拥有数以百万计星球的星团中，不仅连一颗行星、一个生物体找不到，甚至连一个最简单的微生物也不会发现，更不用说超级文明了。但遗憾的是，迄今尚无定论。

根据"生命起源辐射说"，行星的出现直接同恒星起源的性质有关。按其年龄，恒星可分为 100 亿 ~150 亿年前诞生的古老恒星；年龄不超过 50 亿年的年轻恒星；还有目前正在继续孕育和诞生中的恒星。时间标志远不是这些恒星唯一的差异，它们相距十分遥远地分布在宇宙空间：古老的恒星"栖息"在椭圆星系和带有螺旋光晕的球状星系中。而年轻的恒星却紧密地聚集在从旋涡星系核延伸出来的奇形怪状的螺旋臂中，这些分支出来的螺旋臂同处于一个平面内。然而，恒星之间的主要差异在于组成恒星化学成分的元素差异性。实际上，古老恒星完全是由最轻的轻元素——氢和氦构成，而年轻恒星则是由门捷列夫元素周期表中除氢和氦以外的其余所有元素构成。

如上所述，恒星的 3 个差异——年龄、所处位置和组成成分——这绝非偶然，准确地说，这是有严格的规律性的。最简单的氢和氦是构成宇宙的原始材料，最原始的恒星也是由氢和氦构成的。其中一部分氢和氦在这个椭圆"大家庭"中"周游"数百亿年后，在引力的作用下开始向星系的中心区聚集，它们在那时集聚到一块儿，进而形成巨大的超巨星。所有化学元素在这颗超巨星那超致密和超高温的"腹"内开始"熔炼"，直至变成超重的放射性元素。最终，这些化学元素在本身及自然产生的一种不稳定性的作用下，衰变成更轻的残余物，然后摆脱超致密巨星的俘获，进而在椭圆星系的结构中形成另一种全新结构——螺旋臂。此时，螺旋臂内充满门捷列夫元素周期表中的全部元素，其中包括刚刚形成不久的放射性尘埃。新一代年轻恒星就是从这种气尘状混合物中开始形成的。

噢，这完全是另一个恒星世界！新诞生的太阳型恒星与氢氦型恒星的本质区别在于：氢氦型恒星属于一种与生命毫无"缘分"的无生命恒星，其最终的必然归宿是熄灭。而太阳型恒星却与之截然不同，它的体内蕴满了生命的精华和不可遏止的内能，其内能通过源源不断的辐射被释放出来。由于这一内能的作用，在这些恒星的"母腹"内一次又一次地"孕育"着新的生命——原始行星的"萌芽"，然后它被从星体内抛射到恒星附近的周围空间。于是，恒星再无声无息地度过 100 亿年，到那时，恒星便开始组成它的行星"家族"。形象地说，整个宇宙充满了能充当行星摇篮的恒星。

"某些行星本身能自然产生生命，其中部分生命已进入智能阶段"，这种说法是毫无意义和根据的，我们的地球就是一个最好的例证。让那些处于尽善尽美演化的最适宜条件下的生命遍布太空——这正是从某时起，经受某种自身孤寂心理的地球文明所面临的最最至关重要的问题。

大家知道，对我们银河系中存在地外文明数目的评估迄今仍举棋不一。乐观主义的概率论学家准备把银河系中的地外文明数目确定为10亿个。而过分明智的悲观主义者并不排除存在文明的可能——地球文明是银河系中唯一的文明。我们不想打断对这一估测的热烈讨论，不过，还是让我们先转过头来看看"生命起源辐射"说的支持者们是怎样看其他智慧行星可能的分布情况的。

恒星被划分为古老的、年轻的、能产生行星的和毫无意义的四大类，从而把出现生命的可能性缩小到人马座和武仙座的螺旋臂及其附近区域的范围内。因此，美国科学家向这一范围之外发射寻觅地外文明的无线电信号是多此一举和完全徒劳的。然而，这里对"智慧生命"存在空间范围的限定还远未结束。原始星云中所含化学元素的百分比是从生物学角度限定生命的产生和演化的硬性参数。配有自身"调料"和"配方"的有机培养基，对导致生命的基本材料——氨基酸和蛋白质形成的复杂分子化合物的出现是必不可少的。然而，尽管出现生命的"奇迹"不是某种例外，但是，有利于生命出现的总状况极罕见的巧合，对这一"奇迹"的创造毕竟是必不可缺的。

仙女座内的恒星

我们已知的恒星周围存在文明恒星的范例，目前还是独一无二的。看来，太阳是个独特的方位标，凭借它就能完全有理由充分地判断可能出现其他文明的宇宙区域。

此外，最大的幸运应当承认这样一个事实：我们的太阳是颗孤僻型恒星，而那些相互作用激烈的多重型恒星较之这种孤僻型恒星要多得多，而且孤僻处在跟星系螺旋臂离开一点的螺旋臂的边缘，而星系螺旋臂内适合生命生存的条件几乎没有。

在寻觅地外文明时，除限定可能出现生命的空间区域外，还必须考虑到时间要素。要知道，行星的诞生还远不是所有新一代恒星的最终归宿。这种恒星中的放射性元素"衰老"较快，当这些放射性元素衰变时，恒星所释放的能量就会渐渐消耗殆尽。所以，那些年轻的恒星只有在离开星系螺旋臂之后的形成初期，才一跃成为行星"家族"中的"统帅"。而随其之后诞生的恒星便失去产生行星的能力，因为这些恒星用于从自己"腹内"抛射行星"萌芽"的力量已供不应求。

可见，在古老的球状星团中探寻地外文明的战略，尽管在推理上有一定逻辑性，但尚无成功的迹象。在银河系氢氦型球状次星系中是绝对不存在生命的。要寻觅到同我们人相似的生命：它既符合宇宙尺度，又与地球生命同时出现，且处于和我们相同的发展阶段，那就应当在扁平次星系中，首先要从太阳周围或与太阳对称的区域内，还有人马座和武仙座的星系螺旋臂中寻找。科学有们认为，考虑到探索的方法性问题，可根本改变探索的方向，缩小探索的范围，要提高探索那些与我们有智能亲缘关系的地外文明的效益。

34

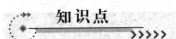

知识点

放射性元素

放射性元素（确切地说应为放射性核素）是能够自发地从不稳定的原子核内部放出粒子或射线（如 α 射线、β 射线、γ 射线等），同时释放出能量，最终衰变形成稳定的元素而停止放射的元素。这种性质称为放射性，这一过程叫做放射性衰变。含有放射性元素（如 U、Tr、Ra 等）的矿物叫做放射性矿物。

延伸阅读

可怕的天文单位——光年

"年"是时间单位，但"光年"虽有个"年"字却不是时间单位，而是天文学上一种计量天体距离的单位。宇宙中天体间的距离很远很远，如果采用我们日常使用的米、千米（公里）作计量单位，那计量天体距离的数字动辄十几位、几十位，很不方便。于是天文学家就创造了一种计量单位——光年，即光在真空中1年内所走过的距离。距离 = 速度 × 时间，光速约为每秒30万千米（每秒299 792 458米），1光年约为94 600亿千米。

"光年"不是时间单位，说时间过去了多少光年，就好像说时间过去了几米、几千米一样，是不能成立的。

地球虽大，可是它在太阳系中充其量是沧海一粟。地球与最近的天体——月球之间的平均距离有384 400千米，差不多是地球直径的30倍；而地球与最近的行星——金星之间的距离，最近时也有4 000万千米；地球到太阳的距离则有14 960万千米；地球与冥王星的距离最近时也有40多亿千米。这样的数字太大。为了方便起见，人们把地球到太阳的平均距离作为1，取名叫"天文单位"。用这个单位来度量太阳系的距离就方便多了。太阳与地球的距离为1天文单位，与水星为0.4天文单位，与金星为0.7天文单位，与冥王星为40天文单位，等等。

太阳系虽大，可是它在银河系中，在宇宙中却非常渺小，远远达不到沧海一粟的比例。离太阳最近的恒星——半人马座a星，与我们相距43万亿千米。目前，我们观察到的最远的星星，是这个数字的30多亿倍。这样的数字太大，即使用天文单位来表示也很不方便，于是人们又采用一个新单位——光年（一光年等于63 240天文单位）。就是用光走一年的距离为1，来量度恒星之间的距离。大家知道，光1秒钟走30万千米，1年走的距离差不多是10万（94 600亿千米）亿千米。

这样我们可以说，太阳到半人马座 a 星的距离为 4.3 光年，与最亮的恒星天狼星为 8.7 光年，与牛郎星和织女星分别为 16.63 和 26.3 光年，与有名的参宿七为 850 光年，银河系的跨度达 10 万光年。到仙女座为 230 万光年。目前人类探知的最遥远的星，距离我们已达 150 亿光年。这就是说，如果这种星体正好是 150 亿年前宇宙大爆炸时诞生的，那么，人类现在看到的是它刚刚诞生时发出的光。

金星"文明"之谜

金星的表面温度长年都在 5 000℃ 以上，时有狂风怒吼，还经常降落酸雨，生物在这样的条件下，是无法生存的。

可是前苏联科学家尼古拉·利云捷博士在比利时布鲁塞尔的一次讨论会上，宣布了一条惊人的消息，说前苏联的一艘无人太空船于 1989 年 1 月穿过金星表面厚厚的大气层，拍下了金星上大约两万个城市的遗址。

起初科学家们以为这些城镇的照片可能是由于大气干扰形成的虚幻的影像，再就是仪器发生了故障。经进一步分析，认定这确实是城市的遗址。利云捷博士说，这些城市的形状为马车轮形，居于核心的轮轴就是大都会，并有公路网把每个城市连接起来。但这些城市已都是断壁残垣，说明这些城市废弃已经有很长一段时间了。由于照片的清晰度不高，很难确定这些建筑是什么生物建造的。但是科学家们正尽一切努力，设法搞清这些城市到底是怎么回事。

又据法国报界几年前披露，美国科学家正在研究一种来自外太空的神秘无线电讯号。据分析这个讯号是 5 万年前从某个星球发出的求救呼唤。一位不愿透露身份的美国天文学家对法国报界说："这是一个突破，我们的电脑已成功地将这个无线电讯号最主要的部分翻译了出来，大意是：请指示我们到第 4 宇宙，发生爆炸。我们处境十分危险。我们位置在 12 银河系。"

这个奇异讯息已由专家将其转换成人类可读的文字。

这位天文学家说："十分简单，用数学计算，我们估计到这是一艘古代飞船，或是一个星球，它似乎正在寻找某些指引，以便帮他们脱离险境。这件事确实令人震惊。经过努力，我们已经初步弄清了那讯息至少是5万年前发出的，也有可能更久。

澳大利亚天文学家曾用无线电与外太空联系后断言：在宇宙之中，地球并非唯一生存着人类的星球。这些天文学家称，外星文明世界在几百年前就已向地球传送信息，但由于科学的滞后，地球人根本就无法与他们联系，今天人类经过文明的发展和进步，也将以一个全新的面貌出现在宇宙的空间，到那时人类将会完全准确地破解这来自宇宙的谜底。

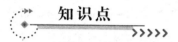

知识点

酸 雨

酸雨是pH值小于5.6的降水。包括雨、雪在内，其酸性成分主要是硫酸，也有硝酸和盐酸等。酸雨主要由化石燃料燃烧产生的二氧化硫、氮氧化物等酸性气体，经过复杂的大气化学反应，被雨水吸收溶解而成。

延伸阅读

金星凌日

由于水星、金星是位于地球绕日公转轨道以内的"地内行星"，因此，当金星运行到太阳和地球之间时，我们可以看到在太阳表面有一个小黑点慢慢穿过，这种天象称之为"金星凌日"。天文学中，往往把相隔时间最短的两次"金星凌日"现象分为一组。这种现象的出现规律通常是8年、121.5年，8年、105.5年，以此循环。据天文学家测算，这一组金星凌日的时间为2004年6月8日和2012年6月6日。这主要是由于金星围绕太阳运转13圈后，正好与围绕太阳运转8圈的地球再次互相靠近，并处于地球与太阳之间，这段时间相当于地球上的8年。

公元17世纪，著名的英国天文学家哈雷曾经提出，金星凌日时，在地球上两个不同地点同时测定金星穿越太阳表面所需的时间，由此算出太阳的视差，可以得出准确的日地距离。可惜，哈雷本人活了86岁，从未遇上过"金星凌日"。在哈雷提出他的观测方法后，曾出现过4次金星凌日，每一次都受到科学家们的极大重视。

他们不远千里，奔赴最佳观测地点，从而取得了一些重大发现。1761年5月26日金星凌日时，俄罗斯天文学家罗蒙诺索夫就一举发现了金星大气。19世纪，天文学家通过金星凌日搜集到大量数据，成功地测量出日地距离1.496亿千米（称为1个天文单位）。当今的天文学家们，要比哈雷幸运得多，可以用很多先进的科学手段，去进一步研究地球的近邻金星了！

人们用10倍以上倍率的望远镜即可清楚地看到金星的圆形轮廓，40～100倍率左右的望远镜观测效果最佳。虽然观测这次"金星凌日"难度不算很大，但天文专家提醒，在观看时，千万不能直接用肉眼、普通的望远镜或是照相机观测，而要戴上合适的滤光镜，同时观测时间也不能过长，以免被强烈的阳光灼伤眼睛。

月球上的生命迹象

在人类对月球的研究过程中，美国航空航天局的专家们对从月球传回的140 133张月面照片进行电脑分析后，再次证实了外星智能生物在月球上的神秘活动。

美国"阿波罗—17号"登月飞船航天员，在月球的一个环形山中发现一种橙色岩石，此外，还发现黑色、红色和橙色的玻璃颗粒，它们在月球

表面遍地皆是，但迄今为止，谁也不知道这些彩色玻璃颗粒是怎么到月球上去的，也无人确知月球的准确年龄，更没人知道月球是怎样来到我们太阳系的。

位于月球东南部地区中心约 60 千米宽的布里亚德环形山，是个并非宁静的事件多发区。美国"阿波罗"

月球表面

号登月飞船上的测震仪曾多次记录和显示出这里的月面发生的强烈震颤。在布里亚德环形山与留别涅茨基环形山之间的区域内曾出现过离奇古怪的"E"形标志物。在留别涅茨基环形山附近还发现一个齿轮凸轴，这一庞大机械的外形尺寸的直径约 8 千米，它似乎因发生一场悲剧而被毁。越来越多的专业研究人员更加相信并承认．月球上的确出现许多古怪的东西，这同目前人们广泛议论的热门话题——UFO 不无关系，因为飞碟是现实存在的，只要它能来到我们地球上，自然要选择某些最适宜的栖身之地作为它们的基地，那么月球当然是它们最理想的 UFO 基地了。从历代的古书中不难找到有关 UFO 的大量史实记载。在月球上发现的许多人工设施基本上属于一种坍塌状废墟，在那里发现一座已绝迹的古代猛犸石雕像，它似乎是被某种东西损坏的，整个雕像残缺不全。另外，在布里亚德环形山和留别涅茨基环形山地带，还发现一部大机器，它很像一台大型发电机外壳——它的上端有一个带倾角的圆滑的上盖，这似乎是一种类似我们地球上的发电机一样，可把机械能转换成电能的大型动力设备。上盖的下部看上去像一台带有框架和含座的直流发电机。这个大型装置的圆弧形外壳的几何形状惊人的规整。整个机体的支架位于外壳左侧。这台发电机可能是靠太阳能、原子能或我们难以想像的其他能源工作的。

美国航空航天局的某些专家认为，在月球环形山中发现的这部装置是数年前，宇宙中发生悲剧后坠入我们太阳系的一艘巨大外星飞船。飞船乘员曾试图修复这艘飞船,但未能成功——目前,散落在月球各处的各种机械和部件就是一个佐证。

月球表面的环形山

此外,月球上的许多环形山都是正多边形,须知,在自然条件下是不可能形成这种宽33千米的八边形环形山的。在月球背面,多数环形山都是正多边形的——正八边形或正六边形。可以肯定地说,月球上的这些奇迹正是月球上的一种智能生物创造出来的。

在那两座似乎是智能生物建造的正多边形环形山的底部,还发现一个"百合花"形状的精美雕塑品。当美国航天员在月球表面发现这些奇异的标志物时惊异万分,他们似乎觉得月球上的所有环形山都是一种特具自然美的人工雕塑品,特别站在山谷和高原上观看这些月面奇观时,这种感触更深。

美国"阿波罗—14"号登月飞船曾在月面拍摄到约1.6千米高的"超级机器"和从环形山阴影处冒出的发光"火炬"。

1971年,在月球上发现的那个"超级装置"是用精致的金属元件、三角构件和孔状物制成的。

月球上发现的数量最大的一种装置是类似地球上两条相互交叉的蚯蚓状巨大物体。这些"X"形物还不断地变换着其大小——由长1.6千米变到4.8千米,而且它们的方向指向各异。这些"X"形物看上去不像金属物,但在它的"施工"进程中,这些"X"形物时而抬起一只"腿",时而抬两只"腿"。这些"X"形物横贯整个环形山排开阵势,挖走数百吨土方量的泥土,甚至把环山脊切出许多豁口。另从日本天文学家拍下的月面细微照片中不难发现,某些环形山是由许多几何形状各异的结构物组成的。在月面还能发现一些1.6~3.2千米长的巨大的棒状物和刨形物,它们

也像是一种作业机械，工作时"鼻子"朝上。

在月面上还发现一些半球状白色发光体，特别在月球静海的环形山中，这种发光体到处可见。奇怪的是，这个静海环形山的周围还被一些圆顶盖建筑物所环绕，这难道是外星智能生物在月球上建造的住宅群或飞碟库？

美国"阿波罗—16号"登月飞船拍摄的月球照片说明，月面上"X"形物是一种泥砂强力冲击流采掘机，月球环形山就是靠它来形成的。环形山的环形结构正说明了这一点。这一喷射掘进过程可能同外星智能生物在月球上的找矿作业有关。

此外，在这些被"采掘"过的环形山环状脊的表面还发现一些几何形状十分规整的十字物，它们好像是用一种专用模具制造出来的。这些十字物不像拉丁十字，它们并非中间交叉，通常，十字的一端插入地下。在美国航空航天局的彩扩照片中可以发现，处于环形山边缘的十字物看上去是浅蓝色的。此外，月球上还有另外一些数量很大的十字物，例如，在凯普列尔环形山中的十字物就是一种拉丁十字，它长约6.5千米，高出地面0.8千米。在凯普列尔环形山附近还发现有拉丁十字和罗马十字。

想必，这种十字是古代十字，是属于一种古文明的十字，而沿被挖掘过的环形山出现的十字物就是专为某种航天器起降安排的具有某种指示意义的航标——这是些能放射出磷光的白色十字，它们的形状和大小绝对规范，它们所处的位置能映射出影子，但永远也不能被泥土埋没。

科学家们在研究金格环形山的照片时发现，那些"X"状物都紧紧地"咬住"环形山的岩壁，以便能把山岩凿掉。它们还可能为月球上的喷射开凿作业从环形山中提供砂土。这些环形山的直径始终在1.6～5.4千米范围内。

在月球背面的静海环形山、阿尔卑斯山谷、危海和高原地带，曾记录下泥砂喷射流现象，而在布里亚德、留别涅茨基地区，却没发现任何"X"形物，或环形山边缘的十字物。这表明，月球上可能居住着两种根本不同的种族，每一个种族都有各自的地理辖区、不同的工业技术、还有不同的需求和文化。

由于月球居民拥有比我们地球人所使用的同类设备大40倍的挖掘机，

41

所以他们正在实施造山工程，他们堆造的山脉有 5.8 千米高。从金格环形山的照片上能清楚发现，从山脊中抬起的一些巨大铲斗和被这些铲斗挖凿开的山岩。在这里的一个山脚下还发现一个长 2.4 千米最大的"X"形物，以及由"X"形物凿碎的山岩和从环形山中运出的泥石射流。

更神奇的发现是，从一个炮形装置中向与其相对同类炮形装置中喷射出一种纤维状物质。

在金格环形山地区还发现另一种奇异的物体，这种物体在月球的其他地方都发现过，它总是翘起一点角度，还总带有一对相互对称的球状物，上面还带有一条下垂的绳索。我们发现，该物体与处在高地上的那台"超级装置"毗连。

美国"阿波罗—17 号"登月归来的科学考察报告揭示：在月球海地区发现玄武岩，无疑，也有丰富的铁和钛。而在月球哥白尼环形山地区又发现含量甚丰的放射性元素。在"阿波罗—15 号"飞船着陆地点以西从弗拉莫罗地区向北的月球"环腰"地带，蕴藏着比月球其他地区丰富 20 多倍的铀和钍。

从距月球 240～305 米的高度拍下的照片中发现，在左下角有一个巨大物体，它的直径约 92 米。在太阳照亮的一面，距布里亚德环形山约 322 千米的一座小环形山底部，还发现 6 个人工设施。类似充满人工设施的环形山在月球上到处可见。

此外，在月球上还发现一个发光体向阴影地区运动。在阴影地区还发现另一个巨大物体，它是一个由无光泽金属构筑而成的设施，此外，还有一些能变形的柔软的环状物，它们对称分布，还发现一个小塔形突起物。

美国航天员在月球登陆后，也曾发现地外文明在月球上活动留下的踪迹。1969 年 11 月 19 日，美国"阿波罗—12 号"登月飞船航天员坎拉德，在长达 2 小时的月球漫游中拍摄到其他文明留下的踪迹——这是些不明的运动装置在月面上行驶时留下的辙迹。1968 年，"月球观察者—5 号"探测器也曾发现和拍摄到月面留下的这种辙迹。1971 年，美国"阿波罗—17 号"登月飞船航天员施密和另一位航天员，不仅看到月面上的奇异辙迹，甚至还看到几艘外星人的飞船。1969 年 7 月，美国航天员阿姆斯特朗在首

次完成"太空行走"时，他在月球上的一个环形山附近发现2个没有任何识别标志的不明"怪物"，当时，这2个"怪物"正处在离他最近的一个环形山的边缘，这时，美国航空航天局命令他立刻躲起来以防不测，突然，月球飞船同美国航天控制中心的无线电联络中断。

难道月球上真的居住着来自外星的智能种族吗？如上所述的大量迹象表明，并非没有这种可能。但对此持怀疑态度的科学家总想对此找到一种自然的解释，却终因论据不足而处于尴尬的境地。那么，这种智能种族为什么到月球上去？科学家们认为，他们是去开采铀、钛、铁和钍等宝藏。

尽管科学家们费解地观望着月球上所发生的这一切，却不肯接受月球存在外星智能生物这一严酷的现实。事实胜于雄辩，还有什么比当今发生在月球上的严酷现实更有说服力的证据来证实外星文明对我们地球人类的关注呢？

▶▶ 知 识 点

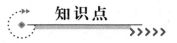

玄武岩

玄武岩是一种基性喷出岩，其化学成分与辉长岩相似，SiO_2 含量变化于45%～52%之间，$K_2O + Na_2O$ 含量较侵入岩略高，CaO、Fe_2O_3 + FeO、MgO 含量较侵入岩略低。矿物成分主要由基性长石和辉石组成，次要矿物有橄榄石、角闪石及黑云母等，岩石均为暗色，一般为黑色，有时呈灰绿以及暗紫色等。呈斑状结构，气孔构造和杏仁构造普遍。玄武岩是地球洋壳和月球月海的最主要组成物质，也是地球陆壳和月球月陆的重要组成物质。1546年，G·阿格里科拉首次在地质文献中，用 basalt 这个词描述德国萨克森的黑色岩石。汉语玄武岩一词，引自日文。日本在兵库县玄武洞发现黑色橄榄玄武岩，故得名。

月球外星人传说

1969 年 7 月 20 日，美国东部时间 22 时 56 分，"阿波罗 11 号"成功登月，宇航员阿姆斯特朗成为人类历史上第一个踏上月球的地球人。

在令全世界沸腾的电视直播中，人们突然听到宇航员阿姆斯特朗说了一句："……难以置信！……这里有其他宇宙飞船……他们正注视着我们！"此后信号突然中断，美国宇航局对此从未做出任何解释。不久之后，美国政府宣布终止一切登月计划，这一决定背后的原因至今仍是人类航天史上终极秘密。

阿姆斯特朗说那句话的时候在月球上遭遇了什么？

美国宇航局向我们隐瞒了什么？打消其他国家登月研究、开采月球资源等的念头？

近年来，包括阿姆斯特朗在内的数位美国登月宇航员，屡屡在各种场合发表自己"曾在月球上与外星人有过接触"的言论，引发国际轩然大波。而内幕消息更传言：美国政府其实一直在秘密频繁登月！

火星上的"金字塔"之谜

火星的一些最早的反常地形结构图像是在 1972 年获得的，它们显示出火星上的一个被称为"极乐四边形"的区域。

最初，这些图像并没有引起多少注意。后来，到了 1974 年，一家供专业人士阅读的杂志《伊卡路斯》对此发表了一则简短的消息。由小马克·吉布森和维克多·阿布劳德培撰写的这篇文章报告说：

我们观察到了火星表面上的一些三角形的、类似金字塔的结构。这些地貌位于极乐四边形区域中央偏东，在火星照片 B 组的 MTVS4205—3 DAS07794853 以及 MTVS4296—24 DAS 12985882 上面清晰可见。这些结构投下了三角形和多边形的阴影。仅在几千米之外，就有许多陡峭的火山锥体和冲击而成的深坑。这些三角形金字塔结构的底部平均直径大约为 3 千米，那些多边形结构的平均直径大约为 6 千米。

另外一幅火星照片（编号 4205—78）则相当清晰地显示出 4 座巨大的三底边金字塔。

1977 年，康奈尔大学的天文学家卡尔·萨甘对这些金字塔做了评论。他写道："其中最大的一座的底部直径是 3 千米，高 1 千米——这要比地球上苏美尔人、埃及人和墨西哥人建造的金字塔大得多。它们显然是受到了侵蚀，也十分古老，并且有可能只是一些遭到很长时期沙尘吹袭的小山。但我们认为，值得对它们进行仔细的观察。"

这幅后来得到的火星照片上拍摄到的这 4 个结构，其特别值得注意的一点是：它们似乎按照一个明确的图形或者排列，被建筑在火星表面上，与地球上金字塔位置的排列极为相似。

在这方面，它们和火星上其他地方的金字塔也存在着许多共同之处，那些金字塔位于被称为"塞多尼亚区"的地域，约在北纬 40°。从"极乐四边形"区域到那里，几乎要绕过半个火星。

英国火星计划的负责人克利斯·奥卡恩说："综观塞多尼亚区的全部区域，综观所有这些结构所处的位置，我从内心感到它们都是人工建造的。无论如何我也看不出，火星上的这个如此复杂的系统，竟然会是偶然出现的。"

有一个事实增强了奥卡恩的预感——"许多结构都是不可分割的"。用简明的英语来表达这个意思，就是说：这些结构的轮廓，全都经过了高度复杂的计算机的人为的（而不大可能是自然的）仔细检查和计算，那种高级计算机通常都被用于现代战争，能对空中侦察照片上的伪装坦克和火炮做出精确定位。

克利斯·奥卡恩总结说："因此，我们所看见的，是对异常现象的一种未必可信的归类。它们具有一种似乎是有计划排列的外表；它们被发现是按照明确的分组建造的，并且它们也是不可分割的。总之，我们不得不说，这是一种极为不同寻常的现象。"

这明显是人为结构的地貌提供了照片证据的地方，也并不仅仅是"塞多尼亚区"和"极乐四边形"区域。火星上的另外一些特征也分明是"不可分割的"，它们包括一条由一些小型金字塔排列而成的、将近5千米的直线；一座单个的金字塔，位于一个巨大的深坑边缘；南极地区众多斜长方形围墙；以及一个怪模怪样，形同城堡的大厦，它陡峭地耸立着，高达180多米。

在火星的南极地区，美国科学家发现有几何构图十分方整的结构体，专家们称之为"印加人城市"。在火星北半球的基道尼亚地区，在类似埃及金字塔东侧发现奇特的黑色图形构成体。还有道路及奇怪的圆形广场，直径1千米。道路基本完整，有的道路在修建时特意绕过坑坑洼洼。在火星尘暴漫天的条件下一般道路在5 000至1万年内消失。估计建成时间不会太长，研究者将火星上金字塔与地球上金字塔做了比较，认为两者相似，火星金字塔的短边与长边之比恰恰符合著名的黄金分割定律，肯定和地球上建立金字塔过程中运用了相同的数字运算。只是火星上的金字塔高1 000米，底边长3 000米，地球的最高的第四朝法老胡夫的金字塔才高146.5米，不过也相当于40层高的摩天大楼了。但它在火星金字塔面前却相形见绌。火星照片上那些奇特的图像都集中在面积为25平方千米的范围内。

专家们估计，人像、金字塔有50万年历史了。50万年前的火星气候正处于适合生物生存的时期，因此他们推断，这很可能是火星人留下的艺术珍品。甚至可能是外星人在火星上活动所留下的

狮身人面像

杰作。

事隔20年，在火星轨道上进行测绘任务的美国"火星观察者"太空飞船又飞越了"火星人面"区域拍到了更为清晰的照片。与1976年相比，这次的图片将"火星人面"放大了10倍，并且是在逆光中拍摄的。它像什么呢？

负责"观察者号"太空飞船任务的科学家，加州科技学院的阿顿·安尔比断定是自然形成的图案。他说："它是自然岩石形状，只是一片独立的山地，只不过是峰峦沟谷在光线的影响下形成了'人面'。"并说，这种现象坐在飞机上的任何人都会遇到，从华盛顿到洛杉矶的飞机上就可以看到很多像那样的景色，而非人工建筑。地理学家也认为，形成"人面"的山上和阴影部分只不过是光线变化所致，也很可能是几百万年来气候变化的偶然结果。

但是，仍有很多人坚持"火星人面"是非自然的。科学家马克·卡罗特是"行星科技研究学会"的成员，他指出，人脸的比例十分真实。还说："这不是一张夸张搞笑的脸，也不是一张笑脸，它的口中有牙齿，眼眶中有瞳孔。"通过计算机放大处理后，眉毛及头巾上的条纹也都清晰可辨，"人面"看上去更像人工建造的了。卡罗特也承认这只是偶然的证据，卡罗特说，这不是有力的证据，但可以积少成多，由弱变强，我们想了解更多。

此后不久，前苏联科学家又在离所谓狮身人面像约7千米处，发现了一群建筑物，有金字塔11座。其中较大的有4座，小的有7座。

火星上果真存在狮身人面像和金字塔吗？

人们又充分发挥想象力，做出了种种神奇而又美好的猜测和假设。然而，1997年火星探测器登陆考察，发回了相当清晰的照片。这些照片表明，所谓的狮身人面像和金字塔只是人们想象的产物。

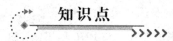
天 文 学

天文学是研究宇宙空间天体、宇宙的结构和发展的学科。内容包括天体的构造、性质和运行规律等。主要通过观测天体发射到地球的辐射，发现并测量它们的位置，探索它们的运动规律，研究它们的物理性质、化学组成、内部结构、能量来源及其演化规律。天文学是一门古老的科学，自有人类文明史以来，天文学就有重要的地位。

延伸阅读

人类探测火星的意义

1996 年，著名天文学家卡尔·萨根在应 NASA（美国宇航局）要求而写的报告中列举了探测火星的理由：

1. 火星是地球上人类可以探索的最近行星。

2. 大约 40 亿年以前，火星与地球气候相似，也有河流、湖泊甚至可能还有海洋，未知的原因使得火星变成今天这个模样。探索火星的气候变化的原因，对保护地球的气候条件具有重大意义。

3. 火星有一个巨大的臭氧洞，太阳紫外线没遮拦地照射到火星上。可能这就是海盗 1 号、海盗 2 号未能找到有机分子的原因。火星研究有助于了解地球臭氧层一旦消失对地球的极端后果。

4. 在火星上寻找历史上曾经有过的生命的化石，这是行星探测中最激动人心的目的之一，如果找到，就意味着只要条件许可生命就能在宇宙中

行星上崛起。

5. 查明今日火星上有无绿洲，绿洲上有无生命以及生命存在的形式类型。

6. 火星探测是许多新技术的试验场地，这些技术包括大气制动利用火星资源产生氧化剂和燃料返程用遥控自动仪和取样远程通讯等。

7. 虽然南极陨石提供了火星上少数未知地域的样本，但只有空间探测才能窥其全貌。

8. 从长期来看，火星是一个可供人们移居的星球。

9. 由于历史的原因，公众对火星探测的支持和共鸣是任何其他空间探测对象难以相比的。火星探测是进行国际合作的理想项目。

火星"文明"遭遇灭顶之灾

1997 年 7 月 4 日，美国"火星探路者"号探测器在火星着陆，届时，数百万美国电视观众坐在电视机前焦急地等待着"火星探路者"号从火星上传回的震惊世界的新发现，但令人遗憾的是"火星探路者"号在火星上着陆和"外来者"号火星漫游车在火星上行驶的镜头已向广大观众播放，但另一个震惊世界的场面并未向观众公开播放——摄像机的镜头上清晰地出现一艘酷似地球上的诺亚方舟的高大船体，它半埋在很像一片沙滩的地方，旁边是"外来者"号火星漫游车。

美国航空航天局的科学家们立刻接到一道极严格的命令："在官方当局尚未决定向社会公众发布这一令人难以置信的震惊世界的新闻之前，必须守口如瓶！"

然而，美国航空航天局的一名工作人员却把这张"火星诺亚方舟"的照片转交给一位天文学家小组负责人。这位主管天文学家认为，美国"火星探路者"号探测器发回的"火星诺亚方舟"照片是昔日的火星上曾发生自然悲剧最有说服力的佐证：火星上曾一度发生类似《圣经》中所描述的那种大洪水悲剧，这场大洪水给火星上的类人智能生物——火星文明人类带来空前的损失。

科学家们认为，火星诺亚方舟的发现不仅证实了发达的火星文明的真实存在，而且证明了火星上洪水灭世大劫难事件的发生和发展正如《圣经》中所描述的那样，跟地球史前发生的大水灭世悲剧一样，火星曾一度被可怕的大洪水吞没。

发现火星诺亚方舟的地点处于1997年7月4日美国"火星探路者"号探测器着陆后，"外来者"号火星漫游车开离着陆的探测器不远的地方，这里被称作"阿雷斯·瓦利斯"平原。行星考古学家根据探测器传回的图像上的火星岩石的颜色和形状判断，立刻恍然大悟：在很久很久以前，火星上的江河大川曾是星罗棋布，水资源极为丰富。

此外，从发回的火星地面照片中，还能清晰地分辨出一些同周围许多湖泊相连的凹陷的河床，当火星上的大洪水过后，湖水渐渐蒸发掉。专家们通过计算和研究确知，火星上这场大洪水的殃及面积达数千平方千米，洪水深度达几百千米。科学家们今天才如梦方醒：为什么火星是红色的？原来，这颗以"红色行星"闻名的火星表面经过漫长的宇宙演化后逐渐锈蚀成锈红色。

接着，"火星探路者"号探测器借助 α 质子 X 射线光谱测定仪对火星诺亚方舟的化学成分自动进行光谱分析，分析结果表明：火星诺亚方舟是用树木建造的。令人不可思议的是，火星诺亚方舟的精确尺寸跟《圣经》（旧约全书）中所描述的地球上的诺亚方舟的尺寸完全一样：船体长137米、宽23米、高14米。

可见，火星诺亚方舟的大小跟地球诺亚方舟完全吻合，这一新发现和所面对的现实使科学家们走进死胡同，进而提出一系列使人意想不到的假说：

假说1. 有可能，火星诺亚方舟在天文学的尺度上如此之小，跟《圣经》中所说的诺亚方舟如此相同而纯属巧合。

假说2. 决不应把在世界许多民族中广为流传的"大水灭世"的传说视为不可能的事，其实，在火星的历史上就曾发生过这种"大水灭世"的悲剧。

假说 3. 倘若一切果真如此，那么，通常被崇拜为今天生活在地球上的所有人的始祖的诺亚一定是火星人。

假说 4. 大洪水过后，古代文明几乎全部从火星上消失了，诺亚的后代便发明了宇宙飞船，不久便离开了文明已不复存在的火星。

假说 5. 诺亚的后代乘宇宙飞船从火星移居到地上，在地球上的大洪水袭来之前，他们便建造了地球上的诺亚方舟。

知识点

诺亚方舟

诺亚方舟，又译挪亚方舟，是基督教圣经的《创世纪》和亚伯拉罕诸教中，传说一艘根据上帝的指示而建造的大船，其依原说记载为方形船只，但也有许多的形象绘画描绘为近似船形船只，其建造的目的是为了让诺亚与他的家人，以及世界上的各种陆上生物能够躲避一场上帝因故而造的大洪水灾难，记载中诺亚方舟花了 120 年才建成，这段故事分别被记录在《创世记》（包括《旧约圣经》和《希伯来圣经》）以及伊斯兰教的《古兰经》第 6 章到第 9 章。

延伸阅读

火星上的水与冰

火星的低压下，水无法以液态存在，只在低海拔区可短暂存在。而冰倒是很多，如两极冰冠就包含大量的冰。2007 年 3 月，NASA 就声称，南极冠的冰假如全部融化，可覆盖整个星球达 11 米深。另外，地下的水冰永冻土可由极区延伸至纬度约 60°的地方。

推论有更大量的水冻在厚厚的地下冰层，只有当火山活动时才有可能释放出来。史上最大的一次是在水手谷形成时，大量水释出，造成的洪水刻划出众多的河谷地形，流入克里斯平原。另一次较小但较近期的一次，是在 500 万年前科伯洛斯槽沟形成时，释出的水在埃律西姆平原形成冰海，至今仍能看见痕迹。对于火星上有冰存在的直接证据在 2008 年 6 月 20 日被凤凰号火星探测器发现，凤凰号在火星上挖掘发现了 8 粒白色的物体，当时研究人员揣测这些物体不是盐（在火星有发现盐矿）就是冰，而 4 天后这些白粒就凭空消失，因此这些白粒一定升华了，盐不会有这种现象。火星全球勘测者所拍的高分辨率照片显示出有关液态水的历史。尽管有很多巨大的洪水道和具有树枝状支流的河道被发现，还是没发现更小尺度的洪水来源。推测这些可能已被风化侵蚀，表示这些河道是很古老的。火星全球勘测者高清晰照片也发现数百个在陨石坑和峡谷边缘上的沟壑。它们趋向坐落于南方高原、面向赤道的陨石坑壁上。因为没有发现部分被侵蚀或被陨石坑覆盖的沟壑，推测他们应是非常年轻的。

有个特别引人注目的例子。短短 6 年，这个沟壑又出现新的白色沉积物。NASA 火星探测计划的首席科学家麦克·梅尔表示，只有含大量液态水才能形成这样的样貌。而水是出自降水、地下水或其他来源仍是一个疑问。不过有人提议，这可能是二氧化碳霜或是地表尘埃移除造成的。

另外一个关于火星上曾存在液态水的证据，就是发现特定矿物，如赤铁矿和针铁矿，而这两者都需在有水环境才能形成。

2008 年 7 月 31 日，美国航空航天局科学家宣布，凤凰号火星探测器在火星上加热土壤样本时鉴别出有水蒸气产生，也有可能是太阳烤干了，因为火星离太阳近，从而最终确认火星上有水存在。

NASA 公布的最新照片 美国科学家首次发现火星上或存在流动水。

来自地球的问候

据英国《新科学家杂志》报道，许多科学家都认为地球人类并不是宇宙中唯一的智慧生命，或许有来自其他星球上的智慧生命正在窥视着人类。为了与可能存在的外星球智慧生命进行接触，早在 20 世纪 70 年代，科学家就开始计划如何与外星人建立联系，起初是通过发射宇宙探测器来证实地球人类的存在，同时还发送一些包含着编码和图像的信息，试着用各种方法向外星智慧生命展现地球人类。

1986 年：向外星人发送关于人类的图像信息

艺术家乔·戴维斯（Joe Davis）是美国麻省理工学院研究员，在 80 年代中期，他担心没有关于人类生殖器官和繁殖的相关图像可以发送至太空。因此，他领导一项计划向太空邻近恒星系统传播一段女性子宫收缩的图像，为此他通过特殊的方法拍摄记录了子宫收缩的动态节奏。

这段图像信息从麻省理工学院磨石山雷达装置向"Epsilon Eridani"、"Tau Ceti"和其他两颗恒星发射，然而，这段图像刚发送几分钟，美国空军就关闭了这项发射项目。尽管如此，这段女性子宫收缩的图像于 1996 年抵达 Epsilon Eridani，于 1998 年抵达 Tau Ceti，目前我们仍未收到来自外星人的回复信息。

1999 年："宇宙呼叫 1 号"信息

研究人员伊万·杜蒂尔（Yvan Dutil）和斯蒂芬·仲马（Stephane Dumas）开发的星际罗塞塔—斯通系统编写了"宇宙呼叫 1 号"信息，这些信息基于宇宙算术和科学概念，科学家们希望任何截收到这些信息的外星人能够理解这种信息。

这段信息由乌克兰 RT-70 射电天文望远镜发射的。

2001 年：十几岁年轻研究员发送的电子音乐

位于莫斯科的俄罗斯科学院射电工程师亚历山大·扎特塞维（Alexander Zaitsev）和"宇宙呼叫"信息研究小组部分十几岁的年轻成员，向太空外星人发送了信息。

他们采用类似"宇宙呼叫"信息的发送装置，除了一些类似的信息之外，还包括一种叫做泰勒明电子琴的昔日创新型乐器演奏的电子音乐会。这些信息向 6 颗恒星进行了发送，其中包括 47 大熊恒星，这是科学家发现的第一个类似太阳的恒星，预计到 2047 年该恒星系中可能存在的智慧生命会接收到这些信息。

2003 年："宇宙呼叫 2 号"信息

"宇宙呼叫 1 号"信息发送之后的 4 年，星际罗塞塔－斯通系统再次进行发射信息，这些信息中包括图片和其他各种文件。

这些信息是由 Team Encounter 公司负责编制的，该公司还计划发射一艘配备太阳帆的宇宙飞船。该宇宙飞船还计划携带毛发样本、照片和其他物品进入太空。然而该公司这项计划可能受挫，至今仍未实施这项发射计划。

2005 年：网页分类信息

这是第一次将网页信息发送至太空中，这是一个网页分类信息服务网站。深太空通讯网络公司负责向太空传输这个网站地址，从公共服务向太空传输信息是非常特殊的，他们是在向广阔的宇宙空间发送信息，而不是朝向某些星体，因此，这种发送信息的方式很可能石沉大海，很难收到外星人的回复。

2008 年：向北极星发送甲壳虫乐队音乐

2008 年 2 月，美国宇航局向太空发送了一首甲壳虫乐队音乐，以庆祝美国宇航局成立 50 周年。

这首音乐发送方向是北极星，预计 2439 年抵达。然而扎特塞维对这次信息发送持批判态度，他强调称这种传播方法存在着缺陷，同时北极星是一颗超级巨大恒星，可能不具备孕育生命的条件。

2008 年："来自地球的信息"

扎特塞维并不满足于发送两次"宇宙呼叫"信息和一次十几岁年轻研究员的信息，他又设立了一个新的计划，叫做"来自地球的信息"。这是在一个社交网站上罗列的 501 条信息。

50 万的网友对所选择信息进行了投票，选出来的信息包括：《X 档案》演员吉莉安·安德森（Gillian Anderson）和小飞侠乐队，这些信息均反映了当前地球人类生活的热点主题。

这些信息使用 RT – 70 射电天文望远镜进行发送，朝向 Gliese 581c 行星，该行星被科学家们认为表面可能存在着液态水资源，预计这些信息将于 2028 年抵达。

2008 年：发送"多力多滋"宠物狗粮广告

2008 年，对于地球大气层之外的外星人而言是忙碌的一年，6 月份，安装在北极圈的雷达装置发送了长达 6 个小时的"多力多滋"宠物狗粮广告信息。此次信息发送的目的地是 47 大熊恒星；2008 年下半年，研究人员还将科幻电影《地球停转之日》发送至阿尔法半人马星座。

2009 年：来自地球的问候

2009 年 8 月，《宇宙》杂志收集了公众投票选出的一组信息，其中包括一条叫做"来自地球的问候"的信息。该信息是由澳大利亚堪培拉深太空通讯系统向 Gliese 581d 行星发送的，这颗行星是迄今科学家探测发现的最潮湿、最明亮的太阳系外行星，依据这颗行星的名称，人们会想到类似太空环境条件的 Gliese 581c 行星，此前研究人员也向 Gliese 581c 行星发送过地球信息。预计"来自地球的问候"信息将于 2029 年抵达 Gliese 581d 行星。

2009 年：核酮糖二磷酸缩化酶（Rubisco）信息

　　艺术家乔·戴维斯之前向太空发送过女性子宫收缩的图像信息，2009年，他为了庆祝阿雷西博射电望远镜首次发送信号25周年再次发送太空信息。

　　此次他向太空发送的信息是核酮糖二磷酸缩化酶，它是光合作用必不可少的物质，核酮糖二磷酸缩化酶是地球上最普通的一种蛋白质，它是地球上具有代表性的生命体。

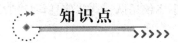

知识点

蛋　白　质

　　蛋白质是生命的物质基础，没有蛋白质就没有生命。因此，它是与生命及与各种形式的生命活动紧密联系在一起的物质。机体中的每一个细胞和所有重要组成部分都有蛋白质参与。蛋白质占人体重量的16%～20%，即一个60kg重的成年人其体内约有蛋白质9.6～12kg。人体内蛋白质的种类很多，性质、功能各异，但都是由20多种氨基酸按不同比例组合而成的，并在体内不断进行代谢与更新。

延伸阅读

俄罗斯乌拉尔多前年外星人之谜被破解

　　据俄罗斯《真理报》4月30日报道，1996年，在俄罗斯乌拉尔地区的一个名叫卡里诺夫的小村庄，发现了一个轰动世界的非人类的外星生物。

这个村庄的一名妇女在村外发现了一件奇怪的生物体。这个古怪生物有一个酷似洋葱的脑袋，看上去就像是由 5 片花瓣组成的一样。脑袋上没有耳朵，眼睛非常大，状若猫眼，硕大的眼睛几乎占据了大半个脸部。发现的这一生物不能说话，但是，他可以轻轻地发出丝丝啸声。不久之后，这一生物就死亡并神秘地消失了。神秘生物的出现从一开始就引起了俄罗斯著名的不明飞行物专家瓦第姆·车诺布若夫的注意。他从包裹神秘生物的布匹上取出了些许纤维，将这些纤维送往莫斯科普通遗传学研究所做了 DNA 检测。

经过 8 年的详细研究分析，2004 年 4 月 15 日，瓦第姆·车诺布若夫正式声明："从包裹该生物的布匹上取出了纤维上沾有的血迹分析，这一所谓的神秘生物应该具有人类的 DNA。我们证实了这一生物应该是一名早产的女婴，她的古怪形状可能是由于当地居民受到核辐射的影响而产生了基因变种。科学家们正对此做进一步的研究。"车诺布若夫说，这个世界上目前还没有发现什么外星人。

何时与外星人握手

一个亘古弥新的话题近日又渐渐地热了起来。2000 年 7 月在波兰华沙举行的第 33 届国际空间大会和 8 月在英国曼彻斯特召开的第 24 届国际天文学联合会大会上，相继传来消息，国际科学界已将寻找太阳系外行星和地外生命痕迹作为未来的重点研究领域之一。之后又有振奋人心的消息，据最新一期美国《科学》杂志报道，在我们地球的大哥——太阳系最大的行星木星的一颗卫星"木卫二"上，可能存在着细菌等低等生命生存的条件。这样一来，在太阳系大家庭中，地球上的芸芸众生也许就不再孤独了。

研究人员说，最新证据非常令人信服地表明，在木星一颗卫星的冰层下藏着生命生存必需的由盐水构成的海洋。

科学家说，美国航天局的伽利略号探测器发回的数据显示，与月球大小相仿的木卫二上可能有水。

伽利略号探测器 2000 年 1 月曾在离木卫二很近的地方飞过。洛杉矶加利福尼亚大学的玛格丽特·基韦尔逊说，测量到的磁场数据使科学家认为，水是这颗卫星上存在一个导电层的"最可能"的解释。

他们在报告中说，根据伽利略号收集到的磁场数据，科学家发现数据模式显示出存在水的可能性。虽然他们没有排除其他可能的解释，但是他们认为从这些模式上看水是最可能的解释。

加利福尼亚理工学院的戴维·史蒂文森说，伽利略号发现的磁场证据"非常令人激动……整个卫星被与地球海水的成分相似的水层包围并且水层深度超过 10 千米才有可能解释这些数据"。

那么，"地外生命"是否真的存在？我们有什么办法找到它们？搜寻它们有什么意义呢？

从"嫦娥奔月"的神话传说，到"地球人大战火星人"的科幻小说，人类对于外星生命的兴趣始终不减。随着科学技术的进步，探索地外生命已经从文学描述转向科学观察、飞船探测和着陆器勘察的崭新阶段。

现代科学讲求实证，由于我们现在只有地球这么一个适合生命孕育、生存、繁衍的研究样本，因此我们只能以目前的生物科学研究成果和地球上生物的演化史来推测地外生命存在的可能性。基于这一点，并根据已经获得的大量探测资料，科学家确认，除了地球之外，太阳系内其他行星上肯定不存在高等生物，但是是否存在类似蛋白质、单细胞生物等低等生命形式，目前尚无定论，还有待于科学家进行更深入的探测和分析。这也就是近来"火星热"、"木星热"持续升温的重要原因。

那么太阳系以外情况怎么样？从科学的角度看，只要在太阳系外存在一颗与我们地球条件相同的行星，就完全有可能诞生生命，只要该行星系演化的时间足够长，就没有理由不产生智慧生命。如果相信只有地球上才能存在生命，那么这与信奉上帝没什么两样。

地球上从出现最简单的生物到现在，大约经历了 35 亿～40 亿年的时间，这说明诞生高级生命需要各种自然条件的配合，需要经历一段相当漫长的进化时期。首先，生命不可能在恒星上生存，但又离不开恒星的光和热。还是以地球为例，它和太阳之间的距离 1.49 亿千米，恰到好处，有利于生命的孕育、成长和进化。所以，要寻找地外生命，第一步必须寻找恒星周围是否有行星。

天文学家估计，大约只有半数恒星周围有行星围绕，但是，要探测究竟哪些恒星周围有行星，难度很大。因为恒星非常亮，而行星本身是不发光的，仅能反射恒星的光芒，所以它的亮度就远不及其所围绕的那颗恒星。加之它们距离地球非常遥远，至少在数 10 万亿千米以上，这样就无法观察到恒星周围是否有行星存在。近 5 年来陆续有科学家报告说寻找到了太阳系以外的行星，事实上，这些行星没有一颗是通过天文仪器直接观察到的，而都是依靠计算恒星运行轨迹的极微小摆动后推算出来的。根据现有技术条件，还只能推算出类似木星或土星大小的行星，即相当于地球质量 1 000 倍左右的大行星，而且根本无从了解这些行星上的自然状况，有无生命存在更是无从谈起。现在，美国、日本、欧洲等正在设想建造直径更大的望远镜，或采取更加有效的观测方法，以期更精确地了解太阳系外行星的真实状况。

除此之外，科学家还通过向一个 1.5 万光年以外的星团发射无线电信号的方法，希望有朝一日外星人能够接收到这些信号并进而了解到在遥远的太阳系中有我们人类存在。但是，这项计划很有可能毫无结果，即使有结果，那也将是 3 万年以后的事了。

还有就是美国的"旅行者"飞船曾经将我们人类的形象刻在金属板上，并设法说明这是来自太阳系第 3 颗行星的礼物。据说这艘飞船上还携带了地球上各种有代表性的声音，诸如鸟鸣、古典音乐，以及包括汉语在内的各种语言问候语的录音资料，希望某一天收到它的地外智慧生命能够了解我们和我们这个星球，并与我们取得联系。当然，这可能是几千万年甚至是几亿年以后的事了。

以上这些都是人类搜寻地外生命所进行的种种努力。根据目前的技术和正在开展的工作，很难推测什么时候会有令人满意的结果，可能在整个 21 世纪都很难有所作为。但是再看看人类在 20 世纪取得的飞速进步，100 年前有谁能想象出今天的喷气客机、计算机、因特网和移动电话？因此，探寻外星人的工作也许会出现人们所始料不及的结果。

探索地外生命之所以持续升温，表面原因是研究手段越来越先进，科学家不断获得大量第一手的探测资料，进而得出一些新的令人感兴趣的结论。更深层次的原因则是这项研究的科学地位。毛泽东曾经将科学研究归纳为3个基本问题，即生命起源、天体演化和物质结构，而搜寻太阳系外行星和寻找地外生命的工作则涉及到其中的两项，它回答的是整个科学的基本问题，其重要性不言而喻。

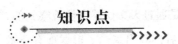

磁　场

　　磁场是一种看不见，而又摸不着的特殊物质，它具有波粒的辐射特性。磁体周围存在磁场，磁体间的相互作用就是以磁场作为媒介的。磁场是电流、运动电荷、磁体或变化电场周围空间存在的一种特殊形态的物质。由于磁体的磁性来源于电流，电流是电荷的运动，因而概括地说，磁场是由运动电荷或电场的变化而产生的。

延伸阅读

"哈勃"望远镜发现的"宇宙浮城"

　　1994年12月26日，被誉为"人类宇宙慧眼"的美国著名"哈勃"太空望远镜，在太空中发现并拍下一座漂浮的金碧辉煌的"宇宙圣城"。该照片已传回美国航空航天局。

　　这一轰动世界的新发现是1995年NQ2期的俄美联办期刊《世界新闻》报道的。

1994 年 12 月中旬,"哈勃"望远镜被修复后,它那巨大镜片立刻聚焦到宇宙边缘的一个星团上,于 1994 年 12 月 26 日发现并拍下这座神秘的"宇宙圣城"。同一天,"哈勃"望远镜向美国马里兰州的格林贝航天中心传回几百张照片。令人费解的是,发现并拍下"宇宙圣城"的这一天恰巧是圣诞节期间——这难道是地外高级文明世界向我们地球人类发出的一种圣诞祝贺的信号吗?

　　从这张照片上可清晰地看到:在漆黑的太空"茫海"中,以超自然形式漂浮着一座金碧辉煌的"宇宙圣城"的奇观。

　　尽管美国官方对这一太空重大新发现久久保持沉默,但美国航空航天局的专家们承认,这一太空重大发现已确定无疑,它可能会改变全人类的未来。时任美国总统的克林顿对这一"宇宙圣城"照片表现出浓厚兴趣,并责令美国航空航天局密切注视这一"宇宙圣城"的新动向,每周汇报一次。美国专家认为,这座"宇宙圣城"并非是住人的普通城市,而是住着逝者灵魂,它就是上帝的寓所。

YUZHOU ZHONG DE SHENGMING ZHI MI

众说纷纭的外星人之谜

广袤的太空中，外星人是否真的存在？长久以来，外星人一直是人类关心的问题。涉及外星人的报道时常见诸报端，里面隐藏了很多真真假假的信息；有关外星人的传言也通过书籍和网络不断蔓延，几乎能冲击到每个人的视野。一些人声称自己见到过活生生的外星人，他们眼中的外星人到底是什么样子？外星人造访地球到底意欲何为？他们是资源的掠夺者还是地球的救世主？与外星人一同出现在人类视野的是 UFO。UFO 到底是从哪里出发？又在哪里中转？外星人和地球文明是否存在关系？如果存在，又是怎样的关系……

培养研究地外生命的专门人才

华盛顿大学 1998 年 9 月份宣布，它将启动一项由国家科学基金资助的研究生教育项目，该项目旨在培养研究地外生命的博士研究生，这在宇宙生命学方面尚属首次。

这门专业看起来似乎挺有意思，但真的学起来并不那么轻松。学生们必须先要了解地球上的生命是如何形成的，这就涉及到天文学、大气科学、海洋学以及微生物学。负责此项目的微生物学家简姆斯·斯特雷说："我们想在地球的环境中研究生命，因此必须要研究地球上诸如火山口、海冰和地下玄武岩的形成过程，因为这些都是形成微生物的极好环境，而且很可能与其他星球上的环境相类似。"除此之外，学生们还要研究大量的在地球上了解较少的有机体。

给学生尝尝寻找地外生命的滋味，并非华盛顿大学只此一家，美国航空航天局新成立的宇宙生命学研究所将提供同样的机会。目前，美国航空航天局的科学家们正和来自5所大学的教授们洽谈这项合作项目。

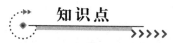

知识点

氢

氢是一种最原始的化学元素，化学符号为H，原子序数是1，在元素周期表中位于第一位。它的原子是所有原子中相对原子质量最小的。氢通常的单质形态是气体。它是无色无味无臭，极易燃烧的由双原子分子组成的气体，氢气是已知最轻的气体。它是宇宙中含量最多的物质。氢原子存在于水及所有有机化合物和活生物中。导热能力特别强，跟氧化合成水。在0℃和一个大气压下，每升氢气只有0.09克——仅相当于同体积空气质量的14.5分之一。

延伸阅读

澳大利亚岩画是否外星人光临地球的证据

一家专门探讨不明飞行物的网站"UFO区"声称，澳大利亚中部乌卢鲁国家公园中那些古老的岩石绘画描绘的其实是外星人光临地球的故事，这是外星人造访地球的证据。

乌卢鲁公园：这一说法很荒诞。

该网站声称："在遥远的过去，一个大型红'蛋'难以安全到达地面，最终坠毁。从'蛋'里走出几个白皮肤的人，后面跟着他们的孩子。"由于无法适应地球大气，成年人一个个死去。而孩子们却活了下来。后来，他们在岩石上画上父母的画像，以纪念离开人世的亲人。

难道乌卢鲁公园里的岩画果真是外星人的杰作？澳大利亚公园管理部门女发言人玛丽·斯坦顿表示，乌卢鲁国家公园不会对这种荒诞的故事作出评论。

英国著名不明飞行物专家尼克·雷德费恩对乌卢鲁岩画是不是外星人所为这个问题并未直接回答，但他表示："很多令人感兴趣的故事就源自古代史，由此我认为，UFO现象很久以来便存在。据记载，公元前329年，正当亚历山大大帝穿越印度河，欲大举入侵印度的时候，他在天空中看到了'若隐若现的银色盾状物'，不断在他们的头顶飞来飞去。很多人认为，UFO仅仅是现代现象，这种看法是错误的。全世界几乎每一个古文化都拥有关于陌生人和不同寻常的物体从天而降的传说。"

乌卢鲁岩画究竟是谁画的呢？事实上，一些土著文化专家并不认同"外星人说"，这些绘画更有可能是古老的土著人神话的展现，而且这样的岩画非乌卢鲁公园所独有，在澳大利亚很多地方都可以看到，它代表了很多不同的文化。

外星人主要假说

地下文明说

在一些科幻电影里，说的是在地球上是人类进化的天堂，但是在地球内部却存在另一个由进化后的昆虫统治的文明世界，最终地下的昆虫为了地上的生存权与人类开始了战争。据悉，美国的人造卫星"查理7号"到北极圈进行拍摄后，在底片上竟然发现北极地带开了一个孔。这是不是地球内部的入口？另外，地球物理学者一般都认为，地球的重量有 6 兆吨的上百万倍，假如地球内部是实体，那重量将不止于此，因而引发了"地球空洞说"。一些石油勘探队员在地下发现过大隧道和体形巨大的地下人。我们可以设想，地球人分为地表人和地内人，地下王国的地底人必定掌握着高于地表人的科学技术，这样，他们——地表人的同星人，乘坐地表人尚不能制造的飞碟遨游空间，就成为顺理成章的事了。

这个理论的荒诞在于地球根本不是空心的。所有有关地球空洞的说法全部都是谣言和假新闻。地球是太阳系中密度最大的星体，如果内部真的有个巨大的空洞，地球的质量决不可能达到这个数字。更何况地球拥有很强的磁场，行星强磁场（恒星磁场产生机理和行星不同）意味着具有一个巨大的铁质核心，这就彻底排除了地心空洞的可能。

杂居说

该观点认为，外星人就在我们中间生活、工作！研究者们用一种令人称奇的新式辐射照相机拍摄的一些照片中，发现有一些人的头周围被一种淡绿色晕圈环绕，可能是由他们大脑发出的射线造成的。然而，当试图查询带晕圈的人时，却发现这些人完全消失了，甚至找不到他们曾经存在的迹象。外星人就藏在我们中间，而我们却不知道他们将要做什么，但没有证据表明外星人会伤害我们。这个理论就如同信徒无法证明神的存在一样，把所有需要证明的部分都推给了不可证明的原因。

人类始祖说

有这么一种观点：人类的祖先就是外星人。大约在几万年以前，一批有着高度智慧和科技知识的外星人来到地球，他们发现地球的环境十分适宜其居住，但是，由于他们没有带充足的设施来应付地球的地心吸引力，所以便改变初衷，决定创造一种新的人种——由外星人跟地球猿人结合而产生的。他们以雌性猿人作为对象，设法使她们受孕，结果便产生了今天的人类。

事实上人类的基因演化是很规律的，并没有大量新型基因在极短时间

65

内（相对于地质时间）爆发性地出现。更重要的是，猿人的存在时间要早得多，数万年前人类早就成型了，如果外星人对此做了什么干涉的话，那应该是在距现在 400 万年以上的时代，地质跨度在 200 万年以上，这个数字又太大了，决不是高科技的结果。

平行世界说

我们所看到的宇宙（即总星系）不可能形成于四维宇宙范围内，也就是说，我们周围的世界不只是在长、宽、高、时间这四维空间中形成的。宇宙可能是由上下毗邻的两个世界构成的，它们之间的联系虽然很小，却几乎是相互透明的，这两个物质世界通常是相互影响很小的"形影"状世界。在这两个叠层式世界形成时，将它们"复合"为一体的相互作用力极大，各种物质高度混杂在一起，进而形成统一的世界。后来，宇宙发生膨胀，这时，物质密度下降，引力衰减，从而形成两个实际上互为独立的世界。换言之，完全可能在同一时空内存在一个与我们毗邻的隐形平行世界，确切地说，它可能同我们的世界相像，也可能同我们的世界截然不同。可能物理、化学定律相同，但现实条件却不同。这两个世界早在 200 亿 ~ 150 亿年前就"各霸一方"了。因此，飞碟有可能就是从那另一个世界来的。可能是在某种特殊条件下偶然闯入的，更有可能是他们早已经掌握了在两个世界中旅行的知识，并经常来往于两个世界之间，他们的科技水平远远超出我们人类之上。

四维空间说

有些人认为，UFO 来自于第四维。那种有如幽灵的飞行器在消失时是一瞬间的事，而且人造卫星电子跟踪系统网络在开机时根本就盯不住，可以认为，UFO 的乘员在玩弄时空手法。一种技术上的手段，可以形成某些局部的空间曲度，这种局部的弯曲空间再在与之接触的空间中扩展，完成这一步后，另一空间的人就可到我们这个空间来了。正如各种目击报告中所说的那样，具体有形的生物突然之间便会从一个 UFO 近旁的地面上出现，而非明显地从一道门里跑出来。对于这些情况，上面的说法不失为一种解释。这两个理论的荒诞在于，现在已经证明除了二维和三维空间，其他所有的维度都卷曲得厉害。

未来生命说

有些科学家认为，现在所谓的外星人，即为人类世界的未来人。有数据表明，人类在近百年来进化程度比原始时期更加迅速。我们也不能否认，也许当人类进化到几亿年以后，就成为今天所说的外星人的模样，并且掌握了穿越时空的技术，来到现在的人类世界。

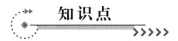

知识点

北 极 圈

北极圈是指北寒带与北温带的界线，其纬度数值为北纬66°33′，与黄赤交角互余，其以内大部分是北冰洋。北极圈的范围包括了格陵兰岛、北欧和俄罗斯北部，以及加拿大北部。北极圈内岛屿很多，最大的是格陵兰岛。由于严寒，北冰洋区域内的生物种类相对较少。植物以地衣、苔藓为主，树木稀少，动物著名的有北极熊、海豹、鲸等。

延伸阅读

彼得堡的黑影

1993年3月初的一天，一个身穿"臃肿"黑衣的外星人，潜入俄罗斯伏尔加格勒市一个女居民的家中。1993年第6期的俄罗斯《绅士报》报道，在圣彼得堡市郊也曾发现过这种外星人。1993年夏天，又发现另一个奇遇"黑衣外星人"的目击者，他就是伏尔加格勒市民米哈伊勒·舒梅科。他亲口倾诉了与黑衣外星人奇遇的整个经过：

1993年3月8日晚，我从女友那儿很晚回家，街上一个人也没有。突然，我听到头上响起轻轻的口哨声。我想，这可能是我喝完香槟酒后发出的声音。可抬头一看，发现在离地面2～2.5米高的半空中飘悬着一个黑人影，他好像在呼吸着——时而变"瘦"，时而又变"胖"，双手还做着划桨的动作。一开始他与我保持一定距离，可后来离我越来越近。于是，我问他："你是谁？想要干什么？"可是，他没有回答，还继续向我靠近。这时，我耳中的口哨声越来越响。这下我可害怕了，于是，拔腿拼命地往家跑……

我跑回家后，立刻把门从里面锁上，当我转身向窗户跑去时，突然又看见那个好像外星人的黑影，他仍然双手做着划桨的动作，并毫不费劲地穿过玻璃钻进屋里。我借着灯光才看清这个黑衣外星人：他的手上长着3根指头；只长一只眼睛却没有眼珠，它长在额头正中；他的嘴是长长的一道缝，很像储蓄盒上的投币口；头上好像有耳机似的东西。他在半空中飘游，向我靠近，并试图用手和脚去接触我。这时，我大声喝道："站住，畜牲！"并顺手操起一个板凳挥动着。突然，黑衣外星人的那只独眼开始发起光来，我当时被吓得一下子昏了过去。

当我苏醒过来已是清晨，我发现自己躺在桌上，脚和头向下垂着，两条裤腿和头发不知怎么烧焦了，脐部附近出现奇特的斑点，喉咙里堆积着黏液，房间里有股难闻的气味。我吃力地站了起来，头发晕。我还发现，卧室的窗户玻璃全挂满烟黑，像被什么燃烧物熏过似的。我的一只拖鞋已不翼而飞……

从那以后，每天夜晚我都受到失眠的煎熬，脐部斑点奇痒不止，后来又渐渐变黑，变大，还能发出强光。于是，我去医院诊治，可那也无济于事。从此，我非常害怕那广袤无垠的大宇宙，睡觉时必须开着灯，头上还得蒙上两床被子……

与外星人联系是否危险

　　从最初的《星际迷航》再到《飞向太空》再到最经典的《E. T》，人类对宇宙空间的探索一直没有停止过，人们一直想要在外太空找到一丝生命的迹象，希望与之交流沟通，互惠互利。但是，近日物理学家霍金却语出惊人：最好不要主动与外星人联系。

　　2010 年 4 月 26 日，英国著名物理学家和数学家斯蒂芬·霍金在一部 25 日播出的纪录片中说，外星人存在的可能性很大，但人类不应主动寻找他们，应尽一切努力避免与他们接触。

　　美国探索频道 25 日开始播出系列纪录片《跟随斯蒂芬·霍金进入宇宙》，霍金在片中向观众介绍他对是否存在外星人等宇宙未解之谜的看法。

　　英国《星期日泰晤士报》25 日援引霍金的话报道，宇宙中存在超过 1000 亿个星系，每个星系至少包含大量星球。仅仅基于这一数字就几乎可以断定外星生命的存在。

　　"真正的挑战是弄明白外星人长什么样，"霍金说。在他看来，外星生命极有可能以微生物或初级生物的形式存在，但不能排除存在能威胁人类的智能生物。

　　"我想他们其中有的已将本星球上的资源消耗殆尽，可能生活在巨大的太空船上，"他说，"这些高级外星人可能成为游牧民族，企图征服并向所有他们可以到达的星球殖民。"

　　霍金认为，鉴于外星人可能将地球

霍　金

资源洗劫一空然后扬长而去，人类主动寻求与他们接触"有些太冒险"。

"如果外星人拜访我们，我认为结果可能与克里斯托弗·哥伦布当年踏足美洲大陆类似。那对当地印第安人来说不是什么好事。"

美国历史学家尼尔认为：在地球上强大的（即比较发达的）文明总是控制比较弱小的文明，而不取决于政治上的从属关系。他认为当与水平大大地超过我们的地外文明建立联系时，它可能会"压制"我们的文明，直到它被溶化在更高的文明中为止。

然而，中国数学家和语言学家周海中在 1999 年发表的论文《宇宙语言学》中指出：这类担心是完全没有必要的，因为只要是高级智慧生命，他们的理智在决定着他们必须有分寸地对待一切宇宙智慧生命体，所以外星人与地球人将来是能够和平共处、友好合作和共同发展的。

看来，地球人与外星人联系是否危险的问题还会争论下去。

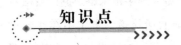

知识点

星　系

星系或称恒星系，是宇宙中庞大的星星的"岛屿"，它也是宇宙中最大、最美丽的天体系统之一。到目前为止，人们已在宇宙观测到了约1 000 亿个星系。它们中有的离我们较近，可以清楚地观测到它们的结构；有的非常遥远，目前所知最远的星系离我们有将近 150 亿光年。

延伸阅读

科学家破解地球人遭外星人劫持之谜

美国不明飞行物研究中心（CUFOS）日前公布了一份材料，说近 10 年来有2000多万地球人声称自己曾被外星人劫持。这到底是怎么回事？是大家的神经都出了毛病，还是确有其事？科学家们似乎从中悟出了点东西。

人们所描述的被劫持的症状

美国医学博士约翰·迈克说，他40多年来一直在搜集有关地球人被外星人劫持的证据，但并没发现这些被劫持人有任何心理失常情况，因此他本人并不认为有关同古怪生物遭遇的传闻是一种骗局，更不是什么梦幻和想入非非的结果。

博士的"病人"从2岁到60岁的都有。他们在神志完全清楚或被催眠的状态下叙述自己如何让外星人劫持，并被送到他们从未见识过的飞船上的经过。他们认为有时头脑变得模糊完全是外星人捣的鬼，这些外星人似乎会从外面断开地球人的意识。可他们还清楚记得好像在空中翱翔来着，飞着穿透墙壁，最后来到一个所在，在里面有人给他们动外科手术。他们到死也还记得当时耳朵里面在嗡嗡响，全身都在颤抖，身子麻木而不能动弹，还伴随着一种莫名的恐惧。到过"飞船"的人身上还会出现斑疹、擦伤、莫名其妙出现的伤口以及鼻子和肛门出血的痕迹。

"不明飞行物"来自地球内部

美国康涅狄格大学心理学教授肯涅特·林格对此有他自己的看法。他说："早就知道地球内部和大气层的自然过程常产生非同寻常的辉光，至少是球状闪电。"辉光有时出现在海面上，也出现在火山喷发的时候。而当发生地震时，震前、震后和正在震动过程中都会出现"火光"。这些"火光"还会出现在高压输电线、无线电天线杆附近以及单独的楼房、公路和铁路一旁。北极光则喜欢光顾采石场、山峦、矿山和洞穴。它们的能源来自大地构造张力。人们经常把这些不知来自何处的火光当成了不明飞行物。统计表明，有些地区的地震显然同有人看到的"外星飞船"有一定的联系。

加拿大心理学教授迈克尔·佩森杰尔则认为，自然地质过程所产生的"地火"本来就是一种与地壳力学变形有联系的能的变换形式，除了光以外，它还具备电、磁、声音和化学性能。

林格还说，大多数不明飞行物现象都能产生将全部光谱和色谱囊括在其中的相当大的电磁场，也能产生对生物极其危险的电离辐射，甚至还能产生能对照明系统和点火系统施加影响的磁场成分。所以有很多人都说，他们只要看到不明飞行物，汽车就再也开不动。

与外星人之间的"冲突"

其实，尽管外星人曾出现过类似伤害人类的事件，但比较而言，真正伤害了人类的飞碟却是极少的。因此，科学家也劝告人们，见到飞碟后不要以武器还击。

1957年7月24日，前苏联一群"米格—17"战斗机正在千岛群岛的炮兵基地上空进行战斗演习。突然，一个三角形飞行物高速向机群飞来，在离机群300米的地方骤然紧急刹住，静静悬在了空中，令几名目击此景的飞行员瞠目结舌。地面指挥部急忙命令：立即远离危险区！说时迟那时快，三角形怪物掉转屁股，对着机群便喷出一条巨大的火舌，离它最近的一架飞机顿时起火，飞行员急忙跳伞，其余几架飞机赶紧向四面飞开。

"立即以炮火还击！"地面指挥官一声令下，全岛所有的炮火一起对准飞行物，射出一发发愤怒的炮弹。但竟没有一发击中目标！只见飞行物以极快的速度飞离炮火袭击区。几秒钟之内便在人们的视线中消失了。俄罗斯人忍不住哀叹，人类现阶段的武器远不能与 UFO 抗衡。

尽管从上述几件小事中我们可看出，外星人同地球人已有过不少接触，但人类却很少有机会亲眼目睹外星人与飞碟的真实模样。倒是最近美国中央情报局透露出来的一份绝密文件，提到了40多年前一件鲜为人知的飞碟遇难事件，令人大开眼界。

1948年3月25日上午8点左右，一个银光闪闪的圆盘形飞碟突然出现在美国新墨西哥州的奥德克市上空。令人奇怪的是，它在空中剧烈抖动几下后，一头扎向了东北方向。但在当时，附近的地面雷达却莫名其妙地全部失灵，捕捉不到任何信息。

消息迅速传到美国当时的国务卿马尔萨勒将军那里，他立即组织了一个行动小组，主要任务是秘密回收该飞碟，并将其运往专门机构进行研究。

几个小时后，行动小组在奥德克市东北找到了目标——一个直径30多米的银白色金属圆盘半倾斜地躺在地上。

随同而来的几名科学家对飞碟外壳采用各种方法进行了研究。得到的是一个惊人的结论：飞碟外壳是用一种地球上无法达到的高熔点轻金属制成，它虽轻如泡沫材料，却坚如钻石，并能耐受1万摄氏度以上的高温。

接着，科学家们又对飞碟形体进行了研究：这是一个平心轮式的飞碟，由许多大小金属环依次相连而成。上面找不到一颗铆钉或螺丝，甚至连一点焊接过的痕迹也没有。而在地球人类当时的条件下，根本无法制造出这种奇特的飞行器。

行动小组费了好大功夫才找到飞碟的舷窗，他们用随身带的大威力步枪射了十几枪，才把一个窗户打出了一个小洞，里面顿时冒出了一股难闻的气体。又费了很大劲后，一个可容人体进出的洞才被弄开，两名科学家戴着防毒面具爬了进去。他们把里面的一排排闪光按钮按了半天，才找到了暗门开关，入口才被打开。

在飞碟内部，人们看到了一个自动驾驶仪，它由许多精密部件组成，与主体紧紧相连。他们在飞碟上还找到了一本"书"，它是由像牛皮纸一样坚硬的类似塑料的书页制成，书中印着许多离奇古怪的文字，很像梵文，但没人看得懂。

尤其令科学家们欣喜不已的是，飞碟内竟有14具穿着"皮衣"的外星人的尸体！这些外星人身高在90~110厘米之间，体重都在18千克左右。其面部特征极像蒙古族人，长着一个与瘦小身体极不相称的大脑壳，鼻子与嘴巴很小，蓝色的眼睛却睁得很大，有点"死不瞑目"的架势。他们的颈部很细，四肢瘦长，脚上和手上都长着类似鸭脚一样的蹼。在后来的生理解剖中还发现，这些外星人根本没有消化系统，没有胃和肠道，没有直肠和肛门，甚至也没有发现生殖器官。

接着，在进一步解剖研究中，科学家们惊讶地发现，外星人具有比地球人更为发达的淋巴系统；而且，他们的细胞重量小得惊人，比地球人小了几倍以上。通过这一切，科学家们认为过去的遗传学理论将面临一场新的挑战。

直到今天，这些外星人的尸体一直被秘密保存在某科学研究所，尸体被浸泡在福尔马林药液中防腐，但几天后便已完全变成了白色，这是因为外星人的机体内缺乏我们地球人体内所特有的色素粒，其血液是不含血红素的无色液体。由于美国政府对保存外星人尸体之事秘而不宣，因而，人们对外星人是否真的造访过地球众说纷纭。

知识点

中央情报局

中央情报局（CIA）是美国政府的情报、间谍和反间谍机构，主要职责是收集和分析全球政治、经济、文化、军事、科技等方面的情报，协调美国国内情报机构的活动，并把情报上报美国政府各部门。它也负责维持在美国境外的军事设备，在冷战期间用于推翻外国政府。中央情报局也支持和资助一些对美国有利的活动，例如曾在1949年至70年代初期支持第三势力。根据很多报道和一些中央情报局重要人物的回忆录，中央情报局也组织和策划暗杀活动，主要针对与美国为敌的国家的领导人。中情局的根本目的，是透过情报工作维护美国的国家利益和国家安全。

延伸阅读

为什么会看到外星人

在人类史上，因所属时代的偏见和技术局限，不明飞行物在目击者的叙述中不断变换其形状。比如说，中世纪把这种无法解释的天体现象当成

"从太空掠过的龙"，把想象中的生物看成天使或魔鬼。

"外星飞船"的说法出现在 20 世纪 40 年代末，当时核时代已经开始，与此同时还兴起了科幻小说这一新的文学体裁。作家和导演在竞相用他们的小说和电影向读者和观众灌输自己的种种幻想，结果他们虚构出来的那些东西也就成了读者和观众所有。因此，被劫持者所叙述的故事主要还是科幻小说和电影情节的复述。然而，电磁辐射已经深深地进入颞叶，所以人们未能区分虚构与现实，还坚信自己确确实实和外星人有过交往。

至于说到那些肉体感受，科学家认为那是肉体对电磁辐射的自然反应。比如，在一个人身上则可能表现为肌肉收缩，皮肤有炎症，而且还相当疼痛，让人一辈子也忘不了。于是人们没事便瞎猜：我这到底是怎么回事呢？结果，种种臆想与杜撰便应运而生。

当人们看见这些不寻常的光时，到底是怎么回事呢？如果人距离有辉光出现的磁场相当远，他就看不见这种胡乱移动、乍看根本无法解释的异光。如果人能再走近一些，或光本身向人靠拢，那人便进入磁场范围，并受其影响。一开始是皮肤有刺痛感，起鸡皮疙瘩，头发颤动，和出现一些神经紧张的症状。如果在磁场里待的时间更长一些，便可能出现肉体和精神上的更强烈反应，因为大脑近距离内受到了磁场的作用。正如林格指出的，特别是大脑的颞叶对类似的作用尤为敏感，极易唤起奇奇怪怪的幻想。

神经心理学家早就知道，对颞叶的刺激，尤其是对脑边缘系统两个构造——河马和扁桃体——的刺激能产生强烈的幻觉，使人觉得跟真的一样，总觉得有什么东西在跟前的感觉，像是在翱翔或转圈，看到的是幻影，感觉到的是记忆缺失和时间中断。伴随有奇异辉光的磁场对人作用的结果就会产生这种刺激，于是人在这种情况下倾向于相信有不明飞行物存在。再说，被劫持者和大多数正常人还不一样，他们的颞叶都特兴奋，结果他们特别容易接受暗示，并具有丰富的想象力。

关于外星人的大争论

根据美国当局在 1997 年进行的一次民意测验显示，68％的人相信确有飞碟存在，而有 32％的人却认为上帝从来不会制造外星人，相信有外星人同相信人死后可以上天堂一样不可理解。为此，在美国国内还一度引发了一场大争论。

众所周知，在宇宙中至少有 1 000 亿个银河系大小的星系，而银河系本身又有 2 000 亿个太阳系。因此，其中一定会有与地球环境相似的星球，那么，那些星球上也应该同地球一样有着智慧生物。当然，并不是所有的外星智慧生物都能借助飞行器到达地球，但起码有少数外星球的智慧生物能做到这一点。外星人造访地球当然有许多难题，即使银河系中离我们最近的仙女座 M—31 河外星系，距我们也有 200 万光年左右。假如真的曾有外星人乘飞碟来过地球，那么他们即使用光速飞行，时间也还是太长；除非该外星人长生不老，或者能活 1 万岁以上，或者飞碟速度是光速的 100 倍，但实际上这几点都是不可能的，尤其是后一点更让人难以置信，因为目前最快的宇宙飞船也只能是声速的 2 倍，还不及光速的 1‰。况且，超光速造成的一个致命危险是"刹不住"，即很容易与其他星球发生对撞，如此快的速度很容易导致双方同归于尽，就像两辆全速对驶的赛车相撞一样恐怖。

但是，尽管如此，依据爱因斯坦的相对论，这种超光速飞行在理论上仍然是可能的。因为当飞碟或宇宙飞船的速度接近或超过光速时，飞碟内流逝的时间便比正常时间慢出许多。而且飞碟速度越接近或超

太阳系

越过光速，其内部时间就流逝得越慢。就像传说中的"天上一日，人间一年"，在超光速的飞碟内呆上一天，在人间则已是百年千年以上。

也正是基于这一点认识，美国前总统吉米·卡特——一个狂热的飞碟迷在他任总统期间，曾拨出近亿美元的巨资，建成一个"地球—外星人"联络中心，并于1977年向天外发射了一艘无人驾驶的"旅行者"号智能宇宙飞船。在飞船上，不仅标出了地球的位置，还特意画出了男人与女人的全身图，并伴有28首世界各地的名曲（其中包括中国2

爱因斯坦

首古曲）。卡特的一段话也用5国语言录了过去："这是来自一个遥远的小型世界的礼物，是我们的声音、我们的科学、我们的意念、我们的音乐、我们的思考和我们的情感的象征。我们正努力延续时光，以期能与你们的时光共融。我们希望有朝一日在解决了所面临的困难之后，能置身于银河文明世界的共同体中。这份信息把我们的希望、我们的决心和我们的亲善传遍广袤而又令人敬畏的宇宙。"

对于卡特总统所做的这一切，许多人都以为是痴人说梦，因为该飞船的速度并不比音速快多少，这样的速度，要飞出太阳系都须千年以上，更何况要飞越整个银河系了。但支持者仍然持乐观态度，说不定恰好有一群外星人驾着飞碟碰见了该飞船呢。

反对飞碟存在的人又提出了另一个观点，那就是：尽管飞碟之类的物体非常奇异，但一般目击者对外星人的描述太像人了。他们认为，虽然宇宙其他星球的生命形式可能也像人类一样由原子和分子组成，但进化过程中必定有着大相径庭的差异。因此，可以推断外星人应当与地球人完全不同。所以他们认为，目前世界各地的目击者对外星人的描述纯属虚构。

此外，持怀疑态度的科学家还认为：假如外星人能自由出入大气层，能实现惊人的飞行速度，征服时间和空间，那就说明他们的科技已达到了无所不能的地步，那么他们为什么不以更方便更有效的方式与人类联系呢？

在没有彻底弄清事实真相之前，确实有许多疑点存在。正是由于这大量的疑点，人类才产生了焦虑和旷日持久的争论。或许，在将来的某一天，在广袤的宇宙之中，我们会真正找到宇宙人。那时候，所有的关于飞碟以及外星人之谜必然会大白于天下。

我们殷切地盼望那一天的到来。

知识点

大气层

大气层又叫大气圈，地球就被这一层很厚的大气层包围着。大气层的成分主要有氮气，占78.1%；氧气占20.9%；氩气占0.93%；还有少量的二氧化碳、稀有气体（氦气、氖气、氩气、氪气、氙气、氡气）和水蒸气。大气层的空气密度随高度而减小，越高空气越稀薄。大气层的厚度大约在1000千米以上，但没有明显的界限。整个大气层随高度不同表现出不同的特点，分为对流层、平流层、中间层、暖层和散逸层，再上面就是星际空间了。

延伸阅读

冰块中发现基因外星人

1995年春，由俄罗斯、美国、英国和瑞典的考古学家组成的科学考察队，在对蒙古中部人迹罕至地区进行考察时，从一个大冰块中发掘出一具

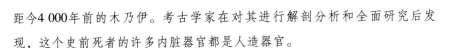

距今4 000年前的木乃伊。考古学家在对其进行解剖分析和全面研究后发现，这个史前死者的许多内脏器官都是人造器官。

令科学家们百思不得其解的是，早在4 000年前，人类社会还处在相当原始的发展阶段，人怎么可能制造出如此复杂的人体移植器官呢？更叫人迷惑不解的是，构成木乃伊体内人造器官的材料是现代科学所无法确知的。在如此严酷的现实面前，科学家们不得不承认，在古人身上所施行的某种手术，甚至一系列手术所采用的外科技术，远远超过我们现代医学技术。在这一木乃伊身上所施行的高超绝顶的人造器官移植术很可能是在外星人的参与下进行的。

美国科学家借助现代医学检测仪对这一木乃伊进行全面而详尽的检验和研究后，得出一个毋庸置疑的结论：这是一个外星人的木乃伊。科学家得出这一结论的证据是，这具木乃伊的头部迄今仍残留着长至臀部的火红色头发。在他那粗壮的前臂上还带有几个很像中国文字的神秘符号。

科学家们认为，这具木乃伊生前是一个植入了人造器官的受探基因人，也就是一种综合了机器人和生物人的各自特点于一体的生物机器人。美国科学家认为，只要学会制造和移植人造器官，便可使人的寿命延长几百岁。一旦人体的原本器官出了毛病，便可用人造器官取而代之。参与研究的俄罗斯神经外科专家认为，除木乃伊的许多内脏器官是人造的外，他脑内掌管人的情绪的部分也是人工制成的。事实倘若果真如此，我们便成了向现代医学发起挑战的古代卓绝医学成就的时代证人，因为这一医学上的考古新发现，已远超出现代医学移植术水平的极限。要知道，在现代医学知识水平的条件下，实际上，脑是惟一不可移植和替代的器官，哪怕是部分替代。

对这一外星人木乃伊的解剖和研究结果，使科学家们提出一系列问题：这个外星生物机器人来自太空吗？科学家们认为，如有这种可能，那么这个外星生物机器人在4 000年前来到这渺无人烟的蒙古中部地区干了些什么呢？倘若某个时候外星人真的访问过我们地球，那么他们很可能还会重归。如果早在4 000年前，外星人的科学技术就已如此发达，那么，4 000年后的今天，他们在这方面的创造性潜能还会有一个不可估量的长足发展。

然而，令科学家们倍感焦虑和担忧的是，外星人对地球的频繁来访能否对我们人类构成某种威胁？他们是否打算把我们的生存领地——地球变成他们的宇宙殖民地？……

关于外星人的逸闻

外星人绑架事件

数百人声称被外星人绑架，这种事在 20 世纪 80 年代出现得最多。他们被强奸，用于实验，植入外来物，身体还遭受其他折磨，最后会被释放但被绑架的记忆会被外星人抹掉，只有通过催眠回溯记起。几位著名的研究人员，其中包括美国哈佛大学的约翰·麦克，不仅支持这些观点，还写书讲述受害人的故事。

外星人植入物体

外星人不仅绑架地球人，还在人的大脑和身体里植入许多种物体（是用一种可以弯曲的银针从被绑者鼻腔捅入直至大脑），这是外星人邪恶试验的一部分。受害者发现他们的身体里多了些不明不白的东西，这才意识到他们被绑架过。其中一个植入物被发现，可是对它们进行科学检测时，却发现这些物体具有无法毁灭的特点，另外在地球上根本找不到这些材料。

飞 碟

这些被植入物据说未被取出前还会发射微波。

有关外星人的新闻

继报道"外星人"在墨西哥农场被捕获一事后，德国《图片报》27 日又爆出惊人内幕，不仅这个"外星人"的

DNA 无法检测，而发现它的墨西哥农场主也已离奇死亡。

研究"外星人"的 UFO 专家毛森宣称，4 家实验室运用最先进的科技手段，提取了"外星人"尸体的一些组织、骨骼、毛发和皮肤样本，进行 DNA 检测和比较工作，然而科学家们无法检测出它的 DNA。

而在毛森看来，这恰好是证明"外星人"确实不是来自地球的有力证据，实验室检测失败，是因为"外星人"尸体的 DNA 还不为人类所熟悉。

墨西哥农场主马拉·洛佩兹在 2007 年发现了这个"外星人"，并因为害怕而将其溺死。《图片报》再次透露一个惊人内幕，其实在发现这一奇怪生物几个月后，洛佩兹便离奇地死在了自己的汽车里，而当地警方却不能对此事件给出结论。

美国 UFO 专家沃伦指出，这个农场主是被极高温度的火焰烧死的，尸体完全被烧成灰烬，要达到这种效果，烧死他的火焰温度要比日常的火焰温度高得多才行。

一些 UFO 专家认为，这起神秘的死亡事件很可能是外星人的报复行为，因为以往也有 UFO 目击者或进行过第三类接触的人神秘地死于非命。

墨西哥"外星婴儿"事件

墨西哥电视台报道了一起难以置信的事件：一个活生生的"外星婴儿"于 2007 年 5 月在一个农场中的动物陷阱被捕获。德国图片报网站 8 月 24 日刊登了题为《墨西哥之谜：外星婴儿被陷阱捕获》的文章。据环球时报引用这篇文章说，56 岁的墨西哥著名主持人与 UFO 专家 Jaime Maussan 在他的节目中第一次公开了这个生物的照片，他声称很确定，是真的！文章说，Jaime Maussan 偶然间获知了这件在墨西哥偏远地区发生的奇事。但是直到去年年底，农场主人才愿意将这个生物移交当地大学进行科学研究，并且进行 DNA 比较分析和 CT 研究。据称，当时农场的农民发现这个外星婴儿陷在陷阱中，并且发出喊叫。出于恐惧，他们首先试图将其溺死。他们这样尝试了三次才成功。

外星人隐居地球

在 1987 年，到非洲扎伊尔考察的 7 名科学家无意中闯入一个与世隔绝的古老部落，发现部落里的人与普通人长得不大一样。相处了一段时间之后，他们惊奇地了解到这些人对太阳系的知识极为了解。经过进一步接触，部落的人才透露出一个惊人的秘密。据说在 170 多年前，有一艘火星飞船为避难来到此地，与当地的土著人生活在了一起。1977 年，一本畅销书《天狼星之谜》中也曾提到，世代居住在西非的多贡人其实是天狼星人的后裔。他们早在 20 世纪 40 年代就向世人详细地描述了天狼星的伴星，而这颗星直到 1970 年才完全露出它的真面目。这些报道是真是假还需要进一步确证。但一些古文明中确实存在着令今人都自叹不如的知识与技术，他们的智慧是不是来源于外星人呢？

遭遇失事的外星人和来无影去无踪的 UFO 困扰了人类很长时间。可现在人们发现，功能特异的外星人也会有失事的时候。前苏联科学家杜朗诺克博士曾透露，1987 年 11 月，一支前苏联沙漠考察队在沙漠里发现了一个直径 22.87 米的碟状飞行器。飞碟引擎保持完好，里面有 14 具已经风干成木乃伊的外星人遗体。1947 年 7 月 6 日夜（著名的罗斯威尔事件），美国新墨西哥州小镇罗斯威尔附近风雨大作，电闪雷鸣。第二天天晴后，人们发现了一个圆形的东西躺在草丛里。驻扎在附近的空军迅速赶来，封锁了现场。负责人马赛尔上尉详细地检查了该物体的状况。它直径足有 10 米，分为内、外两个舱。令他大吃一惊的是，舱内的座椅上竟然有 4 具类人生物的尸体。它们身高仅有 1 米左右，皮肤白而细腻，头很大，鼻子很长，嘴很小。手上只有 4 个指头，指间有蹼相连。它们身穿黑色有金属光泽的外套，但是质地很柔软。这一发现震惊了军方，五角大楼立即下令封锁消息，但消息灵通的记者已经将此新闻发布了出去。许多当地人都证实确实有飞碟在罗斯威尔附近坠毁。

知识点 ▶▶▶▶▶

木乃伊

木乃伊，即"人工干尸"。此词译自英语 mummy，源自波斯语 mumiai，意为"沥青"。世界许多地区都有用防腐香料体，年久干瘪，即形成木乃伊。古埃及人笃信人死后，其灵魂不会消亡，仍会依附在尸体或雕像上，所以，法老王等死后，均制成木乃伊，作为对死者永生的或用香油（或药料）涂尸防腐的方法，而以古埃及的木乃伊最为著名。古代埃及人用防腐的香料殓藏尸企盼和深切的缅怀。

延伸阅读

外星人造访地球之谜

在一个早晨，俄罗斯南方斯塔弗罗波尔一个名字叫做乌斯诺叶的小村庄里出现了一个奇迹，仅仅过了一个晚上，田野里突然出现了几个大大的圆圈，当地居民立刻向政府报告，请官员们记录下这个奇怪的现象；因为据田地的主人说，这些大圆圈是用庄稼做的，但是他附近的庄稼一点也没有遭到破坏。

地方官员立刻亲自带了测量人员前来调查，结果发现，一共有 4 个大圆圈：当中一个最大，直径 20 米，其他几个直径 5 ~ 7 米。科学家们对此进行了调查分析：认为这 4 个大圆圈好像是用手所画出来的，而且都是顺时针方向。地方安全部门也派了专家赶到现场，他们经过仔细检查，没有发现任何化学物质和放射性物质，因此不大可能是人类所作的。与此同时，邻近村庄有些目击者说，他们曾经看到这个村庄的上空出现不明飞行物。

因此，科学家和安全部门官员初步认为，这是外星人的杰出的作品：可能是外星人来开玩笑，也可能是他们到田野里获取庄稼样本。当地安全机构负责人华西里说：很明显，这不是地球上的人干的，是我们不知道的客人来登陆了，前后一共只在几秒钟发生的事。俄罗斯电视台播音员也向观众们介绍摄有几个大圆圈的照片，并且解释说，还有可能是外星人来提取土壤的样本。更加使人不可思议的是，在那个最大的圆圈里，有着20厘米深的圆柱型大洞穴，而且围着油漆过的墙壁。直到现在，当地农民还感觉到很惊讶：外星人为什么要来提取我们的土壤样本？

外星人的"礼物"之谜

外星人除了给地球直接传送有关信息外，有时还给地球人留下一些物证——金属球、金属环、金属片、特异石头等等。下面就是发生在世界各国的有关案例：

1953年5月，在法国发生了一起神奇的事件，一天晚上，一位妇女看见一个奇怪的发光体从天而降，然后又升入天空。第二天早晨，她发现窗台上有一块石头，呈白色，一侧为球状，另一侧有黑白相间的线条。她一接触这块小石头，就感到一股凉意袭身，取石块的那只手一侧的身体顿时就瘫痪了，后来久治不愈。

1972年6月，一位意大利无线电工程师在天文望远镜中观察卫星，突然发生停电事故。他走出户外去查看究竟，却遇上3个体高2米多的类人生命体，后者的眼睛发着光。不远处停着一个卵形飞碟，直径为4米，发着柔和的光。一个类人生命体在工程师手里放了块白色半透明卵石，接着3个彪形大汉一声不吭地登上了飞行物。

英国数学家和天文学家约翰·迪伊也有一块"神奇"的白色卵石，由石英组成，如今陈列在英国一家博物馆内。约翰·迪伊的儿子在一封信中写道，这块石头是一位叫"乌里埃尔"的天使给的。这种说法当然值得怀疑，但迪伊很可能遇见过UFO乘员。

84

1972 年 10 月，一位阿根廷人从几名 UFO 乘员那里获得一块坚硬的黑色石块，经化验石块既非燧石，又非钻石。这位阿根廷人当时被一个 UFO 的光击中失去了知觉。他醒来时躺在自家门口，手里拿着那块黑石子。这只手从那以后时常会肿痛。

说到这些奇怪的石头，我们不禁想起了发生在中亚的一件事：1922 年，人种学家和艺术家尼古拉·罗里什出发去锡金、拉达克、西藏和蒙古考察旅行。他在一个看得很严实的箱子里放着一块手指那么大的灰石子，据说这石子来自美洲，罗里什要将它送到西藏去交还原来的主人。当他来到克什米尔北部的时候，罗里什就拿起箱子独自走上一条难走的小道。据罗里什之女埃莱纳说，那石子具有强大的宇宙能，是天外来客留在喜马拉雅山北侧某地的。

美国考古学家安德烈·托马斯 1966 年在锡金考察时发现，民间仍信仰这种"失传"了的石块，甚至还有这方面的神像。

这些传说带有宗教色彩，但剥去神秘的外衣，可否认为很久很久以前，外星访客到过喜马拉雅山一带，同地球人发生了接触呢？

在美国空军基地，一天夜里降落下一架飞碟，几个小时后，又从飞机跑道上飞走。亮天后，地勤人员在飞机跑道上发现很多金属片，有的金属丝两头还带有小球，不知是干什么用的。类似的飞碟给地球人留下类似合金的金属条和金属球也不乏其例。有些案例中，UFO 乘员给目击者一些金属片。如 1965 年 8 月 19 日，两个矮人在墨西哥一名学生的脚边放了一块金属片，上面有莫名其妙的文字。

1965 年 4 月 24 日，在英国达特穆尔，一个 UFO 在离地面 1 米的空中飞行。UFO 上面开着一条缝，走下 3 个类人生命体：两个高大，一个矮小。矮小者走到目击者面前，操蹩脚的英语，给了几块金属片，后来这些碎片被送到了美国埃克塞特天文学会研究。

1965 年 8 月 14 日，一个体高仅 70 厘米的矮人向一位巴西人说："我来自另一个星球"。他还给巴西人一块奇特的金属，一家铁路公司的化验室分析了这块金属。

1973 年哥伦比亚电讯工程师卡斯蒂略在波哥大郊区湖边因相约而等候

飞碟，手中拿的就是金属球，当飞碟从湖中冲天而出时，金属球便发热。该球是飞碟人事先给卡斯蒂略具有特异功能的妻子的，作为联络物，妻子又将球交给卡斯蒂略。这个球可能是个联络用的发送机或信息接收机吧！

1968年8月的一天，一位巴西妇女在家门口遇到一个奇怪的女人，她讲的话根本听不懂，手里拿着一只精致的无脚长颈瓶。不一会儿，她登上一个球状飞行物飞走了。

1961年4月，美国威斯康星州，一个矮人走下UFO，来到目击者面前，拿出一个有两个把手的瓦罐，做出喝水的样子。目击者给他倒了水，矮人给他一块饼。经实验室分析，这块饼的成分是地球上没有的。

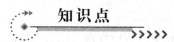

知识点

喜马拉雅山

喜马拉雅山脉是世界海拔最高的山脉，位于亚洲的中国与尼泊尔之间，分布于青藏高原南缘，西起克什米尔的南迦－帕尔巴特峰，东至雅鲁藏布江大拐弯处的南迦巴瓦峰，全长2400千米。主峰珠穆朗玛海拔高度8844.43米。

延伸阅读

神秘的光束

巴西的北部，有一个名叫帕讷拉马的小城镇，1981年10月17日的这天傍晚，里瓦马尔·费雷拉和他的朋友阿维尔·博罗像往常一样去森林打猎。他们两人来到猎物经常出没的地方，分别爬上一棵矮树，埋伏了起来。

突然，他们发现空中有一个东西在移动，那决不是流星，因为这个发光物变得越来越大，他们终于看清那是一个像卡车轮子一样的飞行物，它向四周发出强光，把他们埋伏的周围照得亮如白昼。费雷拉惊恐万分，慌得从树上摔了下来。他同时看见一束光正射在阿维尔的身上，吓坏了的阿维尔发出尖叫声，身躯也哆嗦起来。费雷拉吓得撒腿就跑。

第二天早晨，费雷拉去阿维尔家，发现阿维尔并没有回家。他和阿维尔的家人赶快一起来到那个飞行物出现的地方，在那里找到了可怜的阿维尔的尸体。他死了，他的脸色惨白，神色惊恐，他身上的血液全都没有了，就好像一只巨大的吸血蝙蝠把他的血全都吸光了似的。

当这件事发生后的第二天，即 10 月 19 日，当地的另外两个人——阿维斯塔西奥·索萨和雷蒙多·索萨去狩猎时，又遇到了同样的事。他们穿过一片树林，忽然听到头顶上有一种奇怪的声音，抬头一看，一个黑乎乎的东西一动不动地悬停在空中，像一架直升飞机似的，距树梢有几米高。然后，一束光从那东西中射出，直射在他俩所站的那片地面上。两名猎手转过身子，拔腿就跑。突然，雷蒙多在一个树根前跌倒，继而便直挺挺地躺在地上。此时，阿纳斯塔西奥惊愕地看到，那束光正一点点地朝雷蒙多的身子移近，最后射在了他伙伴的身体上。阿维斯塔西奥抛下了自己的伙伴，一口气逃回了家。次日清晨，雷蒙多的遗体被人们发现，这件事像两天前的阿维尔事件一样，死者雷蒙多身上的血也被吸干了。

不久以后，又有两人在类似的情况下死去。具体的情况是：一天，一个名叫迪奥尼西奥·赫内拉尔的人正在山顶上干活，突然，一个不明飞行物发出来的光束射在了他身上。这个不明飞行物是突然出现的，当时他连一点声响也未听到。他像是被雷电击中一样，被打倒在地上，从山顶一直滚到山脚，他挣扎着站了起来，回到家中，3 天以后，他就在精神失常的状况下死去了。接着又发生了第四起类似事件。一个名叫何塞·比希尼奥的人正陪着另一个名叫多斯·桑托斯的人去打猎，不明飞行物以及它的强烈光束又出现了。面对不明飞行物的威胁，何塞曾向它放了 5 枪，但它却丝毫没有受伤的迹象，他赶快逃了回来。而多斯却被光束罩住，硬梆梆地倒在了地上，甚至没有发出一点声音就死去了。

拒绝与人类交流

　　在宇宙、生物和文明的演化过程中，主要经过了下述几个步骤：宇宙混沌形态—非生物形态—有生命形态—智能形态。我们称这一过程为宇宙形态长链。而生命形态和智能形态的联结点或说关键环节是人脑。人脑不同于普通生物的脑，就在于它已由低级阶段进化到高级阶段。脑具有巨大的存贮容量，在灵魂（或说精神）的支配下脑是完成智能生物思维、意识的有力工具。人的遗传因子DNA携带了人的自我体能、自我意识能力高低等信息，以完成完善的自我延续和复制。然而，在这一长链的演化过程中，当智慧还没有达到一定高度时，还无法抗拒自然灾变对演化长链进展的威胁。比如今天的地球人无法抗拒天灾、地震等自然灾变，所以容易使演化中断。而当智慧达到极高级程度，那么它们就能抗拒自然灾变，使演化长链继续下去，使文明保持下去。比如外星人，有的就已演化到超智慧生物阶段，他们的大脑十分发达，因此完全可以抗拒各类自然灾变，可以进行星际旅行，可以实现星际移民等。但要想使大脑演化加快，只靠自然演化不行，还必须施加人工外部激化，从而实现进入人工演化阶段，这样才能大幅度提高智慧和智能。

　　由于上述理论，地球人与外星人目前尚处于两个不同的演化阶段，即存在着智能差异，这样它们之间就存在着思维鸿沟和联系障碍。换言之，即不同文明之间存在着交换信息鸿沟。这就如同地球人与猴子之间存在着鸿沟一样，人要想与猴子交流思想很困难，驯猴人也难免要进行一系列诱导和示范。目前来造访地球的外星人可以理解人的行为和思维，但人是无法理解外星人的思维和行为的，就像人可以理解猴子的行为，但猴子很难理解人的行为和思维一样，这就是动物心理障碍或称思维鸿沟。这两者接轨十分困难。如此说来，外星人不愿与地球直接接触和往来便是情理之中的事。那么外星人既然来访地球，那么他们有何考虑呢？我们可做如下设想：

　　1. 他们主要是来采集地球植物、地理岩石等标本，抓获动物和人类进

行生理解剖试验和医学遗传等研究。一句话，探测和了解地球及生物圈。

2. 外星人可能怕泄露他们的先进科学技术，因为他们了解地球人目前的思想素质，怕地球人一旦掌握了他们的先进技术会用于军事，会造成战争或对外星人自身构成威胁。

3. 外星人对地球人进行善意的诱导。先进的科技和超智能的演化不能包办，通过外星人的行为、UFO 先进科技等对地球人进行"开化"引导，刺激我们的思维像老师教导孩子一样的用心，以促进地球人人工演化进程，尽早达到高智能和超智慧阶段，如果如此，可谓外星人用心良苦。只就 UFO 这一课题的研究，就足以开化地球人的思维和开发地球人的智力了。

4. "地球是一类动物保护区"。对于外星人来讲，称地球人为"一类动物"并不过头。就像地球人保护大熊猫的用心一样。来自遥远宇宙一角的外星人，看到地球这块宝地天蓝水碧，地灵人杰，物产丰富，确是一块风水宝地。然而，目前地球生态环境被破坏，灾害不断，尘烟滚滚，疾病多发，为了不使地球人受到干扰或灭绝，他们如同保护"一类动物"一样将地球人划为宇宙保护区，严加管理和保护。但这些"管理员"并不经常与被保护者接触交往，抓获和邀请个别地球人上碟只是好奇、实验和属于例外的活动。

5. 对地球怀霸占侵略野心，现在只是侦察，这种可能性不是没有。既然是侦察兵，自然就不愿暴露与地球人接触了。

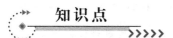

知识点

>>>>>

DNA

DNA 即又称脱氧核糖核酸，是一种分子，可组成遗传指令，以引导生物发育与生命功能运作。主要功能是长期性的资讯储存，可比喻为"蓝图"或"食谱"。其中包含的指令，是建构细胞内其他的化合物，如蛋白质与 RNA 所需。带有遗传信息的 DNA 片段称为基因，其他的 DNA 序列，有些直接以自身构造发挥作用，有些则参与调控遗传信息的表现。

延伸阅读

美刻意隐瞒外星人曾光临地球

香港大公报报道，加拿大前国防部长保罗·赫利尔最近宣称，外星人早已光临地球，来自外层空间的不明飞行物（UFO）和人类的飞机一样真实，但美国政府和其他盟国一直在刻意隐瞒这个事实。

即将出席本月底在多伦多举行的"UFO 国际会议"的赫利尔，不久前在多伦多大学发表演讲宣称，外星人其实早就光临了地球，只不过美国政府和其他盟国一直在刻意隐瞒而已。

赫利尔披露道："和美国罗斯维尔飞碟坠毁事件有关的所有内幕都属于高级机密，大多数美国官员和政治家——更不用说盟国的国防部长——其实都被蒙在了鼓里。"

现年 80 多岁的赫利尔说，美国科学家研究 1947 年英国罗斯韦尔坠毁的 UFO 残骸，开发出许多现代的科技奇迹。美国政府最近计划重返月球，并在月球上建立永久月球基地，目的正是为了能够更加有效地监控飞往地球的外星 UFO。

赫利尔表示，他的观点并非来自在国防部长任上的官方机密档案，而是根据近些年来所看到的越来越多的资料所作的分析和判断。

加拿大 UFO 会议的组织者在会前发布的新闻简报中说，前国防部长赫利尔出席会议和发表演讲，将对倡议所探讨的主题和怀疑论者带来极大的冲击并产生深远的影响。

外星人长什么样子

目前，各国的不明飞行物专家都掌握了一些可靠的有关外星人的目击报告。从这些目击报告来看，人们所见到的外星人大致可分成以下4类，即：矮人型类人生命体；蒙古人型类人生命体；巨爪型类人生命体；飞翼型类人生命体。

矮人型类人生命体

矮人型类人生命体被我们叫做宇宙中的侏儒，他们的身高从0.9～1.35米。同自己矮小的身躯相比，他们的脑袋显得很大，前额又高又凸，好像没有耳朵，或者说他们的耳朵太小，目击者很难看清。

他们目光呆滞，双目圆睁，说明其双眼对光线几乎毫无感觉。他们的鼻子很像地球人的鼻子，但有些目击者说，他们所见到的矮人的鼻子是在面孔中间的两道缝。矮人型类人生命体的嘴像一个有唇的口子一样，或者说是一个非常圆的、有奇怪皱纹的孔。他们的下巴又尖又小。他们的两只手臂挺长，脚踝肥大，从正面看去，好像几乎没有一样。然而，他们的双肩却又宽又壮。

据目击者说，这些矮人型类人生命体都身穿金属制上衣连裤服或是潜水服。有人曾看到过一小群这样的矮人，当时目击者还认为他们是外形丑陋的类人猿。这些矮人的两侧好像并不对称，他们身躯的左部似乎比右部肥大些。

蒙古人型类人生命体

这类类人生命体的身长

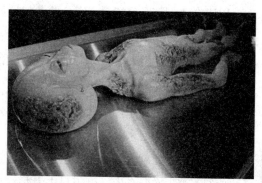

外星人

在 1.20～1.80 米之间。从总体上看，他们各个部位之间都很协调，没有任何丑陋的地方。他们的形态在各个部位都与地球人相近。如果要把他们与地球上的某个民族相比。他们很像是亚洲人。他们的肤色黝黑黝黑的。

1954 年 10 月 10 日，马里尤斯·德威尔德先生发现了一个不明飞行物停在他家附近，尔后，从这个飞行物中走出来一个类人生命体。德威尔德先生说："我所看到的这个类人生命体戴着透明的、柔软的头盔。尽管天色有些黑，我还是看清了他的脸、耳朵和头发。这个'人'看上去很像亚洲人，脸也真像蒙古人，他的下巴宽宽的，高颧骨、浓眉毛，双眼呈栗色，很像那种有蒙古褶的眼睛。他的皮肤很黑。"

至于服装，他们穿的是很贴身的上衣连裤服，就像宇航员的宇宙服一样。

从专家们收集到的有关类人生命体的报告来看，这一类人遇到的最多。

巨爪型类人生命体

这种类人生命体在 50 年代发生的世界性第一次不明飞行物风潮之后，就再也没人看到过。专家们说，人们主要在南美洲的委内瑞拉发现过巨爪型类人生命体。

据目击者们讲，这些类人生命体都赤身裸体，不穿任何衣服。他们的身高 0.60 至 2.10 米之间不等。他们的手臂特别长，同其身躯相比极不相称。手是巨型的大爪子。

1958 年 11 月 28 日凌晨 2 点，两名加拉加斯市（委内瑞拉）的长途卡车驾驶员看到了一个巨型、闪闪发光的圆盘在地上着陆，尔后从圆盘中走出了一些巨爪型的类人生命体。他们先看到的外星人是一个浑身发光、头披长发的侏儒，这个侏儒一步一步地朝他们走来。当侏儒逐渐离他们非常近的时候，一个司机朝侏儒扑了过去，要把他逮住。这样，司机就同那个来自外星的人搏斗起来。侏儒力大无比，一下子就把司机打翻在地，接着就向圆盘跑去。此刻，其他类人生命体从圆盘中出来解救自己的伙伴。尔后，他们都消失在圆盘中。由于目击者是在近距离看到类人生命体的，所以他告诉调查这次事件的专家们说，这个侏儒有像爪子一样的手指，他的手是有蹼的。

1954年12月10日，在阿根廷的奇科，同年12月16日，在阿根廷的圣卡洛斯，都曾发生过类似的事件。

同矮人型与蒙古人型类人生命体相比，这种巨爪型的类人生命体的特点是，具有侵略性，也就是说，他们似乎对地球上的人类有敌意。然而，自打1954年以来，人们就再也没有发现过这种巨爪型的类人生命体。

飞翼型类人生命体

1877年5月15日，在英国汉普郡的奥尔德肖特，两名正在站岗的哨兵发现，在军营处出现了一个穿紧身上衣连裤服、头戴发磷光头盔的人，他蓦地腾空飞了起来。两个哨兵惊恐万状，举枪朝那个空中飞行体射击，可是没有打着。那两个哨兵放下了枪，软瘫在地上。

1922年2月22日下午3点，在美国内布拉斯加州的哈贝尔，一个名叫威廉·C·拉姆的人正在森林里狩猎，突然，在一阵刺耳的鸣叫声过后，他看见一个球形物在离他20米远的地方着陆了，几秒钟后，他看到一个身高约2.4米的人朝那个球形物飞去。

1953年6月18日约14点30分，在美国的休斯敦，霍华德·菲利普斯先生、海德·沃尔克小姐与贾戴·万耶斯小姐，正在东三大街118号的花园里散步，突然，他们看见一个戴有头盔的人从他们眼前飞过。

1967年1月11日，在美国弗吉尼亚州的普莱曾特角，麦克·丹尼尔夫人从家里走出来上街去买东西。忽然，她发现在她右侧有一个像小飞机一样的东西贴着树梢从大街上飞过。由于那个东西朝她飞来，她可以辨认出那是一个背上有双翼的类人生命体。

1967年8月26日，在委内瑞拉的马图林，一个名叫萨基·马查雷恰的人发现了一个飞行物。起先，他还认为是一只野鹭。那个飞行物在一座桥的中间着陆了。此刻，马查雷恰才看清楚，那是一个约1米高的矮人，他的双眼大得吓人。

1967年9月29日约10点30分，在法国康塔尔省的居萨克，德尔皮埃什夫妇发现地面上停着一个直径为2米的圆球，在那个圆球周围，4个矮小的生灵在飞着。他们围着圆球飞了一圈半后，就飞进了圆球。圆球呼啸升空。但这时，从飞行器中飞出来一个乘员，他降到地面去寻找他遗忘在那里的一个发光物。后来，他也飞回了圆球内，随即圆球便迅速地飞走了。

1967 年 10 月 1 日约 22 点，在美国俄克拉何马州邓肯市，一些车辆行驶在 7 号国家公路上朝东驶去。突然，司机们发现在公路旁站着 3 个奇怪的"人"。这些"人"身穿发磷光的蓝绿色上衣连裤服。他们的面孔很像地球人的脸，但双耳却又大又长。当他们看到司机们朝他们走过来时，就腾空飞起，消逝在夜空。

1968 年 9 月 2 日约 14 点 15 分，在阿根廷的科菲科，一个名叫 T·索拉的 10 岁孩子，看到一个身高 2.1 米的怪人在空中飞翔。他的身子放射出奇异的光芒。他飞到了一个停在地面的飞行器旁边。

其他类型的类人生命体

此外，目击者们还看到过其他类型的类人生命体。有人曾发现过一些不具地球人类外形的智能生物。例如，1954 年 9 月 27 日，在法国汝拉的普雷马农，人们看到一个长方形的生物从一个飞行器中走出来。1954 年 10 月 2 日，人们在法国刺十字地区，看到过两个发暗的"块状身影"从一个刚刚着陆的飞行器上走下来。专家们认为，上述两起事件的怪物大概是受某个智能生物遥控的机器人。

1965 年和 1966 年，美国人曾发现过一种新类型的类人生命体。他们或是矮人（0.8 米高），或是巨人（3 米高），这些类人生命体都具有以下特点：

没有眼睛，没有嘴，没有耳朵。

美国西北大学天文学家雅克·瓦莱曾经总结了发生在 1909 年至 1960 年期间的 80 起不明飞行物事件。在这 51 年当中，人们在刚刚着陆于地的不明飞行物旁发现过 153 个类人生命体。在这 153 个"人"当中，有 35 个属于蒙古型的类人生命体。

美国学者约翰·基尔认为，也许某一种类人生命体专门考察地球的某一个地区。因此，看来英国和法国是矮人型类人生命体专门光顾的地方，美国东部则是蒙古人型类人生命体"垄断"的地盘，而南美州大陆就成了专门吸引巨爪型类人生命体光临之地。这样，接下来的问题是，这些各种类型的外星人，是属于同一种文明呢，还是不同的文明呢？

对于这个问题，答案只是两个：第一，这些外星人彼此之间互不相识，他们所进行的任务也不相同，他们不属于同一种文明；第二，这些外星人属于同一种文明，他们在执行共同的探察地球的任务时担负着自己的那一部分使命。

但从大多数目击报告来看，似乎各个目击者发现的类人生命体并没有在进行特定的使命。这样，人们就会提出这样一个问题：为什么外星人要让地球人发现呢？或者说，通过这类接触，外星人是否企图逐渐与地球人进行联系呢？

对这个问题，由于专家们缺乏两者之间进行对话的材料，是很难予以回答的。

然而，在这一些事件中，目击者们却看到了外星人在地面上进行着特定的活动。

他们考察土壤，采集石块，在进行考古研究。

这一切都表明，外星人是在科学地考察着我们的地球。

95

知识点

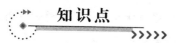

休 斯 敦

美国第四大城市休斯敦位于得克萨斯州东南、墨西哥湾平原的上部，距离墨西哥湾80千米，海拔14.94米。大休斯敦地区，面积为22 995平方千米，人口约有422万（1995年底估计数字）；休斯敦市区面积为1 544平方千米，人口为2 208 180人（2009年）。主要为白人、黑人、墨西哥裔人，其中墨裔人口近年来增长很快。1986年4月2日，休斯敦与中国广东省的深圳市结为友好城市。

奇异的外星干尸

1996 年 11 月，以色列工程技术人员在内盖夫沙漠修建新一代弹道导弹发射井，进行深层清土作业时，意外发现一具奇异生物木乃伊，它距今已有 5 000 年历史。不过，最初，研究人员将完全腐烂的覆盖物清除后，展现在眼前的是一个干瘦矮小的干尸，他们将其误认为是普通的古埃及型木乃伊，研究人员正准备考究该死者大约在 5 000 年前的死因，却突然发现，这具木乃伊非同寻常——他那涂有防腐剂的尸体随着时光流逝干枯成像七八岁儿童大小的玩偶状，研究人员不禁自问：他是如何离开那繁荣昌盛的尼罗河畔，随时代漂游到这如此遥远的地方？

殊不知，科学家们却遇上一个百思不解的亘古之谜。为了不损坏这个具有重要考古价值的古代"遗宝"，研究人员采用放射性检测法和 X 射线断层分析法对其进行全面研究，从而得出惊人的结果：这具木乃伊的手和脚全是 3 个指（趾）头。然而，仅这一点也并非能使科学家们震惊——因为生物体的 3 指现象、多指现象及其他类似的畸形现象，均可解释为各种原因，其中包括先天性病理因素或遗传突变因素等。可是，这具木乃伊的颅骨却十分奇特：没有嘴和鼻孔一类的器官，更没发现有下颌和牙齿，一双空旷的大眼窝几乎占据了半张脸——令科学们的震惊之处就在于此，按照我们地球生命生存的这种生物即便来到地球上也无法生存，因为他这样的生理器官却不能吃东西，也不能呼吸。

正值研究人员集中精力彻底搞清这具木乃伊是外星生物的关键时刻，此项研究工作立刻被中止，这具木乃伊马上被装上一架专门军用运输机运离此地。

美国保密局立刻封锁了有关这一木乃伊的全部消息。科学家经过艰辛研究，终于搞清这样一个事实：这个奇异生物是外星人，完全是由地球人——埃及法师们将其处理后变成木乃伊的。由此可得出一个结论：这个外星人曾同埃及法师有过直接接触，或许这个外星人来地球探险时着陆未获成功而遇难身亡，尸体落入埃及法师手中。是否发生外星人空难悲剧的事实真相，只有追溯到 5 000 年前才能大白于天下。

毫无例外，在世界其他地区可能还会有类似发现，因此，许多研究人员提出一系列推断和假说：我们脚下的这块土地是最古老的地球文明与外星文明自古就有着密切联系的佐证。这些研究人员已把金字塔同猎户座联系在一起，我们所要寻找的问题的答案是否应在那里呢？是的！应直截了当地向那个遥远的猎户座发出呼吁，可遗憾的是，我们地球人类眼下尚未发展到能与如此之遥的宇宙"智慧兄弟"建立联系的程度。不过，谨小慎微的美国军方机构正在全球范围内煞费苦心地搜集 UFO 及其外星乘员的残骸进行研究，从而把我们的地球文明同地外文明之间的距离大大缩短了，为早日揭开外星文明之谜提供了大量佐证。

令人遗憾的是，我们未能搞到这一奇特外星生物的第一手图片资料，所以只能根据目击者的口述较为逼真的描绘出他的轮廓。

外星人的电视剧之谜

许多人都爱把自己心爱的节目录下来慢慢欣赏，也有一名妇女万万没料到，她原本想录的娱乐性电视节目，却变成了一套外太空的电视剧。

据录得这盒带的妇女格伯太太说，她是无意中收录到这个奇异节目的。"当时我因为要出外购物，所以便调好我的录像机，准备把一套电视连续剧在预定的时间录下来。"这位居住在瑞士劳格奴市的 36 岁妇女说："当我回家后，我立即将录像带回卷重播，但出现在电视机上的，只是一片雪花和静电，足足持续了两分钟，然后画面一闪，那些怪物便出现了。""他们并没有什么动作，只是站在那里，发出吱吱的声音。""每当我想起录像带上的怪物，都会令我毛骨悚然。"

一个由 6 位科学家组成的调查小组在仔细研究了这套长达 7 分钟的奇异电视剧后，证实了它不是来自我们这个星球的电视片。科学小组领导人彼得·胡菲夫博士说："我们不知道是哪些高智慧生物摄制它的。""我们只知道当这套电视节目被录下来之际，太阳正出现极不寻常的黑点活动，这样可能会引起这个电视讯号产生偏差，传到了那名妇女的电视机上。除此之外，其余的我们便和当事人一样莫名其妙。""录像带上，出现的生物外形与人类差不多，但却有一对如垒球般大小的眼睛，以及一双又大又多肉的耳朵。""该剧中并没有什么动作，那些角色只是站在那里，而他们的对话，只不过是一些吱吱喳喳的声音，犹如海豚的叫声一样。""我们现在唯一能肯定的，就是它不是来自地球！"

法国天体物理学家菲腊·利蒙尔认为，那盒录像带——如果是真的话——将是"证明外太空有生物存在的最有力证据。""如果我们能接收到他们的信息，他们亦大有可能接到我们的信息。"

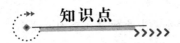

知识点

录　像　带

　　录像带是磁带的一种，主要用来录制、播放影音。一般以录放像机来录制和播放，它是一种线性式的影像储存方式，近来，因数位式的存储技术如 VCD 和更新的 DVD 的发展，录像带不再是主流的影像录制媒介，但在特定领域仍被广泛使用，比如数码 DV 机。

延伸阅读

法国古币上的不明飞行物

　　据《新闻评论》报道，几个世纪以来，钱币专家一直试图揭开一枚 17 世纪法国古币上神秘的不明飞行物（UFO）图案的谜底。但一位权威的钱币专家日前表示，这枚铜币图案的奥秘仍然无人解开，上面的图案仍然是

"不明飞行物"。

虽然经过半个世纪的研究，尽管钱币组织一直想解开这个谜，可是，这枚钱币上的图案似乎有意在与研究人员捉迷藏。这枚神奇硬币的拥有者、美国科罗拉多州科罗拉多泉的肯尼思·E·布莱斯特表示："这枚钱币历史悠久，是17世纪80年代在法国铸造的，其中一面的图案看上去很像一个盘旋在农村上空云朵里的飞碟。"

布莱斯特曾任拥有3.2万名成员的美国钱币联合会主席，他说："上面的图案被研究专家认为是某种不明飞行物，还是表现的《圣经》中描述的'伊西基尔转轮'？经过50年的深入研究，专家对这个不寻常的图案还是无法解释。"布莱斯特认为，这个神秘的铜板其实并不是真正的钱币，而是一种"代用币"，它和当时的硬币很像，但是一种教具，通常被用来教人们如何数钱，或有时用来代替游戏比赛的筹码。它和25美分的硬币差不多大小。

在16—17世纪期间，欧洲常常铸造并使用这类代用币。布莱斯特解释说："这枚特殊钱币的图案被认为要么是一种不明飞行物，要么是伊西基尔转轮，除此以外，没有其他看法。一些人认为《旧约》提到的伊西基尔转轮，可能就是古人对不明飞行物的描述。"

布莱斯特表示，在古币上用拉丁文写的一圈文字也让人迷惑不解。专家把"OPPORTUNUSADEST"翻译成"时机到了，它会出现"，飞在天上的这个物体是求雨的象征，还是《圣经》提到的那个轮子，或是外太空的访客？我们也许永远找不出真正的答案。他指出："正是由于有了这些让人迷惑不解的疑问，收藏古币才会变得如此有趣。"

外星人对我们的态度

如果外星人真的存在，那么可以想象这些智慧生物对我们可能持3种态度，我们也可以相应地确定对他们采取什么态度，并且决定回不回答他们的来电。

第一种是抱有关心、相互可以理解的态度。换句话说，外星人关心我们，对我们有好感，这是最理想不过的。外星人可以向我们提供相当尖端相当贵重的科学、技术、艺术以及其他各类情报，提醒我们不要走弯路。例如让我们注意将来的某种科学的发展方向；千万不要做导致恶化环境、灭绝人类的事情。不过，虽然这种态度十分理想，但也有一定的局限性。比方说，我们能从他人的失败中吸收多大教训？肿瘤只有长在自己身上，才能懂得它的痛楚。没有不带刺的玫瑰，前进道路过于平坦，可能会减弱我们对生命、知识和艺术的追求。人们常说兔子的健跑，是为了逃避追赶它的恶狼；追赶我们人类不断前进的就是"困难"。

第二种态度是外星人理解我们，但不表示关心，换句话说，他们对我们怀有好意，却不帮助我们什么。尽管这种态度令人不快，可能性却很大。如果外星人的文明远远超过了我们地球人几千年或者更长的时间，恐怕他们将会用怀疑的目光观察我们，就像我们以同样目光看蚂蚁是否有智能一样。是啊，我们又能向蚂蚁教授什么，警告什么呢？

第三种态度是表示关心，但不理解我们的心情，也就是说，他们之所以对我们感兴趣，只不过是出于实用的观点，比如想尝尝地球上的美味佳肴。

当然，还有一种，也就是既不感兴趣，又不理解的态度。不过，这种可能性很小，因为果真这样，几千年来，飞碟、外星人就不会频频光临地球了。

知识点

肿 瘤

肿瘤是机体在各种致癌因素作用下，局部组织的某一个细胞在基因水平上失去对其生长的正常调控，导致其克隆性异常增生而形成的新生物。学界一般将肿瘤分为良性和恶性两大类。

来自"火星人"的警告

在莫斯科一次大型记者招待会上，前苏联一位太空专家于特·波索夫宣布了一个惊人的消息：一艘由前苏联发往火星进行探测任务的无人太空船，在1990年3月27日从火星荒凉的表面上，拍到一个奇怪的警告标语后，便突然中断了一切联系。一些科学家分析，它可能是被火星人给击毁了。

这个警告标语是用英文写着的"离开"两个字，从无线电传回的照片上看，这个巨大标语好像是用石块雕刻出来的，按比例估计，这两个字至少有800米长，75米宽。标语似乎是依着巨型山石凿出来的，从其光滑的表面看，可能是用激光切割成的。这条标语是最近才出现的。

火星人为什么要写这么两个字呢？波索夫博士说："显然是针对地球人的。我想那一定是由于我们派出的火星太空船太多，骚扰到火星上生物的安宁，所以便发出这个警告，叫我们离开。"

波索夫博士透露说，他们派出的太空船，开始时一切都很顺利，但当它把上述写了警告字句的照片传回地球后，便神秘地失踪了。那太空船是被火星上的生物毁灭了，还是暂时被他们扣押了，现在还弄不清楚。他说："如果我们先用无线电与那些火星人联络上，然后再派人到他们的星球，与之建立外交关系，我想他们是会接受的。"

波索夫博士公布的内容，立即震动了西方科学界，不少科学家对此深信不疑，认为这是人类太空史上一项最大发现。

星际文明的较量

多年来，地球人同飞碟和外星人频繁接触的大量事实表明，很少有外星人首先主动攻击和伤害地球人的。不过，这些来历不明的"宇宙访客"

却能以人类望尘莫及的神奇速度来无影，去无踪，似乎在地球人面前炫耀它们的威力。然而，在UFO的历史上，却曾有过地球人主动攻击飞碟的许多尝试。

1942年2月25日，有20多个发着耀眼强光的飞碟莅临美国洛杉矶城。美国空防部队立刻向这群"不速之客"发起猛攻，共发射1 400发高射炮弹，结果没伤害这些飞碟一根毫毛。

1947年7月2日，在美国新墨西哥州的罗斯韦尔市附近，一个飞碟被美国空防部队击落。在离它坠毁的地方3.2千米处发现4具短小类人生物的尸体。据研究人员分析，这些类人生物大概是在飞碟遇难的一瞬间被飞碟上的失事自动弹射装置弹射出来的。这4具尸体损伤不堪，对尸体的生理解剖和研究表明，这些矮小类人生物的生物学特征与我们地球人的差异甚大。这条消息是1987年在华盛顿举行的"国际UFO学术研讨会"上由官方正式宣布的。

1956年10月，一个飞碟突然出现在日本冲绳岛的一个美国空军基地上空，一架喷气式歼击机即刻起飞迎击，它首先向飞碟开火，结果机毁人亡。

20世纪50年代初，在前苏联远东地区，飞碟曾遭到地对空导弹的攻击。

前苏军飞行员科拜金，在一次飞行时试图驾驶歼击机穿越一团形状酷似圆盘状飞碟的云层，还没等接近它，飞机就开始猛烈颤抖起来，飞机好像完全停止飞行似的，又像在陨石雨中穿行一样。耳机里响起刺耳的嘈杂声，耳朵开始变痛，他只好摘下飞行帽，全身难以招架这突如其来的折磨，还没等飞到那团云层，就被迫返航了。其他飞行员也遇到过同类情形。

20世纪70年代，在伊朗首都德黑兰上空，两架"幻影"式战斗机试图追击一个飞碟，可是，当飞碟一进入机载导弹有效射程时，机上的导弹电子发射系统突然失灵了，当它们之间的距离超出有效射程时，一切又恢复正常。

1972年秋，挪威海军司令确信，至少有一个或几个经常出没于这一海域的USO（不明潜水物的英文缩写）中了他们的水下埋伏，事件发生在挪威境内的松恩峡湾水域。挪威海军在不明潜水物经常出没的水域里投下数颗深水炸弹，想把这些水下"不速之客"驱出水面。奇怪的是，海军连续活动了几天也毫无收效。就在这时，不知从哪儿钻出一些神秘的UFO

（"不明飞行物"的英文缩写），它们在挪威海军上空盘旋。突然，军舰上的所有电子装置全部出现故障。其实，那些不明潜水物早已逃之夭夭。后来，挪威海军又向一些不明潜水物发射了命中率极高的现代化"杀手"鱼雷。出乎意料的是，这些技术上无与伦比的反潜鱼雷不仅没击中目标，反而如石沉大海，不翼而飞，消失得无影无踪。

1989 年 5 月 7 日，美国海军驱逐舰"塔菲贝尔格"号通过舰载雷达发现一个不明飞行物，其飞行速度竟高达每小时 1 万千米，它正朝非洲大陆方向飞去。美国驻南非海军航空兵部队当即派出 3 架战斗机进行拦截。可是，那个不明飞行物却以美国空军不可思议的速度突然改变航向。3 架战斗机穷追不舍，机上新装备的实验激光炮终于将它击中，它最终坠毁在非洲撒哈拉沙漠距南非与博茨瓦纳边界 80 千米处。在不明飞行物坠毁地点形成一个直径 150 米，深 12 米的大圆坑，圆坑倾角 45°。一个直径 20 米、高 9 米的银灰色飞碟"侧卧"在坑里。它坠毁时撞击地面产生的惊人高温使圆坑四周的沙土烧焦了，使其周围自然形成一个无菌区。令人迷惑不解的是，当军事人员来到飞碟坠毁现场进行调查时，从坠毁的飞碟里突然传出一种奇怪的嘈杂声，接着，从飞碟下部自动打开一扇舱门，有两个类人生物从里面走了出来，他们从这里一直朝美国空军基地的一所军队医院走去。美军人员当场将这两名幸存的外星人俘获，并把他们押解到美国驻南非的莱特—帕德逊空军基地，准备对其进行研究。可是，美国生物医学研究小组的专家们发现，他们无法从外星人身上获取血样和皮样进行深入研究，因为这两个外星人极富顽抗性，他们像猴子一样把医学专家的脸部和颈部都抓成重伤。对这两个外星人的研究结果表明，他们都是些不食生物，不吃任何食物，在飞碟中也未发现任何食品储备。他们的身高为 1.25～1.35 米。蓝灰色而柔软的皮肤富有弹性。脑袋上没长任何类似头发一样的东西，但头却比我们地球人的大很多。在整个头顶周围还长有深蓝色斑点。一双大眼睛翘向太阳穴两侧，没有眼皮。鼻子却很小，只有两个向上翻的大鼻孔。嘴极小，无唇。耳朵很难分辨出来。脖子较我们地球人的细得多。手臂细长垂至膝盖。每只手掌上长着 3 个指头，而且指间有蹼，胸部和腹部布满皱褶。腿又瘦又短，脚上也长着 3 个脚趾，趾间也有蹼。但没发现有任何生殖器官。有关这一事件真相是前不久从南非空军的一份秘密代号为"银钻石"的官方绝密报告中透露出来的。

1991年，一个飞碟突然闯入俄罗斯境内的鄂木斯克市郊，俄罗斯空军的一架战斗机对其进行攻击，从它上面击落一块金属片。这块飞碟残片回收后立即被送往莫斯科的5家科研所进行各种实验和研究。这些实验和研究包括化学方法、物理方法以及激光技术和显微摄影法。研究结果表明，这块飞碟残片轻如塑料，坚如金刚石，很难将其变形和熔化，其熔点竟高达10 000℃，是由30多种化学元素炼制而成的，即便在目前地球上最现代化的实验室条件下，也不可能制出来。

1991年6月29日，美国空军正在南太平洋上空举行军事演习，突然，一个飞碟悄悄接近演习现场"偷看"，当场被美国空军参加演习的歼击机击落，它在菲律宾南端苏禄群岛区坠毁。这一天，一架美国军用直升机突然在菲律宾南部小城三宝颜北部的一所医院附近降落，5名全副武装的美军人员匆匆来到院长办公室命令道："马上给一名特殊'重患'腾出一间专门病房！"并要求医务人员对此事绝对保密，若有谁将此事真相透露出去，就要倒霉了。这时，那个特殊"重患"用担架抬进病房。医院的医学权威戴·罗萨里奥教授亲自参加了对这名"特患"抢救的整个过程。当他掀开担架上的蒙布时，顿时大吃一惊，原来，这个"特患"是个外星人。前来护送的美军人员不加任何解释地命令道："你们无论如何得把这个'猴子'救活！"罗萨里奥教授亲自为这个外星人进行了全面检查，检查的结果是：锁骨骨折，左腿和胸部受伤。没有摸到脉搏——这并未使医务人员感到惊讶，可是，令人百思不解的是，竟没发现这个外星人有心脏。

在罗萨里奥教授主持下给这个外星人做了手术，将折断的锁骨接上，还从他身上取出2颗子弹。术后，医务人员把受伤的外星人放进一个50年代制的"铁肺"人工呼吸装置中，因为要想让他独立呼吸已相当困难。全院医务人员都被动员起来抢救这位受伤的外星"使者"。几小时后，当外星人知觉好些时，美军人员立刻把这个外星人连同那个人造"铁肺"呼吸器一起搬上军用直升机运走。据说，这个遇难生还的外星人后来被运到马尼拉附近的一个秘密军事基地。有关他的下落和未来命运如何，人们就不得而知了。

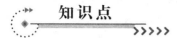

知识点

>>>>>

地空导弹

地空导弹是指从地面发射攻击空中目标的导弹，又称防空导弹。它是组成地空导弹武器系统的核心。地空导弹是由地面发射，攻击敌来袭飞机、导弹等空中目标的一种导弹武器，是现代防空武器系统中的一个重要组成部分。与高炮相比，它射程远，射高大，单发命中率高；与截击机相比，它反应速度快，火力猛，威力大，不受目标速度和高度限制，可以在高、中、低空及远、中、近程构成一道道严密的防空火力网。

延伸阅读

105

太阳系适居带

我们已知的寻找生命的导向原则是那里必须要有水存在。直到现在为止，这条原则一直让科学家认为，只有满足以下条件的天体，才能成为生命的家园：适合的温度、岩质行星和表面拥有液态水。

如果这样考虑，这样的世界只能存在于我们的太阳系里。加州大学圣克鲁兹分校的格雷格·拉弗林说："如果根据一系列非常有利的气候条件定义适居带，那么你可在太阳周围进行搜索的范围非常有限。当气候出现严重问题时，在距离太阳比地球稍近的范围内和在距离太阳比地球远大约30%的地方都有可能适合生命生存。"要是根据有没有水的观点来判断，在我们的太阳系里没有其他地方适合生命生存。即使很多其他恒星也拥有"太阳系"，但是正好位于适合生命生存的轨道上的行星少之又少。

如果不是在地球上获得一系列令每个人都意想不到的发现，寻找适居带的努力最终将得到一个令人倍感沮丧的结局。天体生物学是一项研究生命是如何在宇宙中出现和演变的专门学科。这个领域的先驱克里斯·麦克卡伊说："每个人都不希望看到这种结果，人们发现细菌变种并非从地球表面获得食物、氧气，也不依靠照射到地球表面的阳光。"

这些最新发现的生命形式——"极端微生物"生活的条件是如此恶劣，50年前的生物学家做梦也想不到能有生命可在这种环境下生存。巨型管虫、螃蟹和小虾喜欢生活在黑暗环境下、海面以下1英里深的地方和极热的热液喷口周围。这些热液喷口就是我们已知的"黑烟囱"，它不断向海洋里喷出像烟柱似的黑色氢化硫。利用这种热液喷口喷出的化学物生存下来的生物体不需进行光合作用。

然而对麦克卡伊来说，这些生物并不是最令人感到兴奋的极端微生物类型。他说："它们仍然依靠通过阳光间接生成的氧气。"与之相比，更加引人注意的细菌是那些在很深的地下繁衍生息的类型。一种细菌生活在南非8千米深的金矿内部。麦克卡伊说："这些生物从我们从没想到的来源获得能量。南非极端微生物细菌是从岩石里不稳定的放射性原子获得能量。阳光和地表水对它不起任何作用。这种情况非常令人吃惊。"

极端微生物从非太阳能源获得能量的事实，说明外星生命也可能生活在类似环境下，在远离地表水和阳光的地下很深的地方繁衍生息。麦克卡伊说："可居行星并不一定非得像地球一样。这些发现最大限度地扩展了我们对适居带的理解。"

说来也巧，这项极端微生物发现跟以前的研究结果正好相符，以前的研究显示，太阳系可能拥有很多人们以前根本没有想到的温暖潮湿的地区。20世纪90年代发射升空的"伽利略"探测器收集了大量可信证据，证明木星的大卫星——木卫二寒冷的地表下拥有一个球形液体海洋。美国宇航局刚刚宣布要在2027年重返那里，进行更加细致的研究。

扑朔迷离的"外星人事件"

2011年，一则"女子产下外星人震惊欧洲"的图片新闻报道被全球诸

宇宙中的生命之谜

多媒体特别是网络争相转载，引发众多网友疯狂点击。由于缺乏科学界提供的真凭实据，这一事件的真相一直扑朔迷离，但这丝毫没有影响到人们对外星人与UFO的普遍高度关注。

2011年这一年间，全球UFO事件此起彼伏，不断有多国民众抓拍到UFO的神秘身影。虽然有的已被证明只是普通的飞行器，而非真正意义上的UFO，但更多的则是留给人们无尽的猜测与遐想。八九月间，仅中国1个月内就报告出现了3起UFO事件。对此，就连相关专家也不得不承认，用人类现有知识很难作出科学的解释，给予真实的结论。

世界各地民间对UFO高涨的热情不减，科学家们同样也有惊人的观点。被誉为"宇宙之王"的英国伟大科学家霍金设想了5种不同星球的外星生物，各种形象无不怪异。他警告人类不要与外星人接触。俄罗斯科学家表示，外星人可能就藏在黑洞里，并预言人类有望在20年内与外星人相遇。据美国媒体所作的一些相关调查，超过80%的美国人认为，美国政府在外星人问题上对民众有所隐瞒。但白宫则坚称，"真不认识外星人"。

本年度曾传出的一则最新消息称，"开普勒"太空望远镜首次发现了两颗与地球大小类似的行星。而就在不久前，曾首次证实过一颗堪称"地球孪生兄弟"宜居行星，其表面平均温度约为22℃。随着人类对未知神秘太空的不断探求，"外星人谜团"终将会有水落石出的一天。

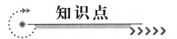

知识点 >>>>>

黑　洞

黑洞是一种引力极强的天体，就连光也不能逃脱。当恒星的史瓦西半径小到一定程度时，就连垂直表面发射的光都无法逃逸了。这时恒星就变成了黑洞。说它"黑"，是指它就像宇宙中的无底洞，任何物质一旦掉进去，"似乎"就再不能逃出。由于黑洞中的光无法逃逸，所以我们无法直接观测到黑洞。然而，可以通过测量它对周围天体的作用和影响来间接观测或推测到它的存在。黑洞引申义为无法摆脱的境遇。2011年12月，天文学家首次观测到黑洞"捕捉"星云的过程。

延伸阅读

神奇的干尸

秘鲁发现两具疑似外星人干尸，头骨巨大。这两具干尸是由秘鲁东南部库斯科一家博物馆的工作人员雷纳托·达维拉·里克尔姆在曲斯皮坎奇省南部城市安塔瓦伊利拉发现的。

据里克尔姆描述，其中一具干尸的头骨巨大，长度和其下面的身体部分相当，均为50厘米，该头骨形状怪异，上面深陷的眼窝比正常人的大很多，顶部有一块柔软的部分，类似婴儿出生时头骨没有闭合的"囟门"。嘴部长两颗巨大白齿，而这种牙齿一般只有上了年纪的人才会长。

该遗骸的头部与2008年《印第安纳琼斯：水晶骷髅王国》影片中的三角形水晶头骨十分相似，影片中的三角水晶头骨是属于外星人的，且拥有超能力。

人类学家在看到这些头骨的怪异特征后感到很不解，研究人员正准备对头骨右眼窝里残留物进行DNA鉴定，以确定这具残骸是否属于人类。第二具干尸并不完整，没有面部，其长度约有30厘米，外面似乎被某种东西包裹着，呈胎儿在子宫内蜷缩的姿势。

亦真亦幻的 UFO 之谜

从 19 世纪以来，世界各地不断地出现目击 UFO（不明飞行物）的报道或传闻，特别是 20 世纪 50 年代有空间科学以来，"UFO"、"飞碟"、"外星人"的目击事件与日俱增。在一些报道中，UFO 像是"幽灵"一样出没于地球的空域。随着宇宙科学的发展，人们愈来愈关切在茫茫的大宇宙中，除了地球人之外，究竟有没有"外星人"，或者说是否存在地外智慧生命？如果说"有"，他（她）们究竟是什么模样？生活在宇宙的何方？地球人应怎样寻找他（她）们呢？

是朋友还是敌人

一提到外星人，人们立即联想到这样一群"人"：矮矮的身材、圆圆的脑袋、瘦瘦的四肢、鼓鼓的眼睛……而与外星人的模样同时出现的，是一种神秘的飞行器——飞碟！

1947 年 6 月 24 日，美国爱达荷州消防器材公司的老板肯尼思·阿鲁德，驾驶着自己的飞机飞往华盛顿。然而，正当他飞越雷尼尔山峰（海拔 4391 米）时，忽然发现远处有 9 个白色的圆形物体，排成一串快速飞过。阿鲁德后来向人们这样描述，它们似乎是"连接在一起，闪电般地从群山中疾驰而过，就像抛出的碟子掠过水面一样"。据他估计，这些奇怪的飞行物当时距他不到 10 千米，直径大约有 30 米，飞行时速至少达 2 000 千米以上。

第二天，这一消息便由各家通讯社传遍了整个世界，记者们最后统一使用"飞碟"一词来称呼那些神秘的飞行物。不久，世界各地也纷纷发表消息，报道当地居民曾见过类似飞行物的情景，一时间飞碟造访地球的消息被炒得沸沸扬扬。

在此后的 50 多年里，世界各地都有人报告说看见过飞碟（UFO）的踪影，中国也不例外。

1995 年 10 月 4 日，我国东北地区上空 4 架战斗训练机的驾驶员同时报称，在天空同一位置发现一个不明飞行物体，直径 10 米左右，呈白色椭圆形，外面还有雾状光晕；

1997 年 10 月 12 日，北京郊区先后 9 次发现天空有发光的螺旋状不明飞行物，呈淡黄色，并带有扇形光环；

1997 年 12 月 23 日，广州又发现一状似碟形的发光物体，由暨南大学上空向五山地区迅速移动，持续飘行十几分钟才消失。当时华南理工大学一名建筑工程系男生称，他开始以为天空飘飞的白色飞行物是圣诞灯饰，后用望远镜观看，发现该物体外形呈扁平椭圆，通体透明并发着白光。

飞碟当然不仅仅在中国出现过，在世界各地也都多次出现。但令人遗憾的是，迄今为止还没有哪个国家"生擒"过一只飞碟，倒是时有听说地球人被飞碟绑架的消息。例如，40 多年前《巴黎时报》就报道过一则外星人绑架地球人的消息。

1967 年 8 月 29 日，法国康塔尔省克萨客高原。在这片迷人的高原牧场上，有个名为克萨客的小镇。上午 10 时 30 分左右，在一块绿茵茵的牧场上，十几头奶牛正悠然地吃着青草。看守奶牛的是 13 岁的弗朗索瓦·德伯什，他 9 岁的妹妹安娜·玛丽则在一旁尽情地玩耍，一条小狗在他俩脚下来回跑动。

忽然，玛丽指着半空向哥哥惊叫："喂！你看，那边飞着什么东西？"

德伯什顺着她指的方向指头望去，不由惊呆了：半空中竟有一只圆形怪物在盘旋，并且一点一点地向他们靠近。那怪物的形状极像一个巨大的面包，只是上面还发出耀眼的白光，并伴有刺耳的尖啸声。

"哟，好大的气球！"玛丽禁不住高兴地叫起来。

"危险！快跑！"眼看着那不明飞行物迅速向头顶砸来，德伯什一把拉过妹妹就往家里跑去，但玛丽没跑几步便重重地摔倒在地上。德伯什也顾不上那么多，一个人急忙跑到一颗大树背后，探出半个脑袋察看动静。

只见那怪物下面伸出 3 条腿（实际上是支架），稳稳地停在草地上（那儿离玛丽只有几十米），随即一阵灼人的热风直扑而来。

那怪物的上方开了一道门，3 名浑身发黑的矮人从里面跳了出来，举着蹼足慢步走到玛丽面前，把手中的一面"镜子"对准玛丽照了一会儿，只见玛丽的身体被吸了起来，很快便掉入了怪物的门里。1 分钟后，随着一阵刺耳的尖叫，怪物垂直弹上天空，很快不见了踪影，地面上只留下几个很深的坑。

当德伯什从极度恐惧中回过神来，哭着赶回去把这一切告诉父母时，父母竟怎么也不相信这是事实。玛丽的家人希望有一天玛丽能回来。然而，40 多年过去了，却一直没有玛丽的半点消息。

知识点 >>>>>

高 原

高原，海拔高度一般在 1 000 米以上，面积广大，地形开阔，周边以明显的陡坡为界，比较完整的大面积隆起地区称为高原。高原与平原的主要区别是海拔较高，它以完整的大面积隆起区别于山地。高原素有"大地的舞台"之称，它是在长期连续的大面积的地壳抬升运动中形成的。有的高原表面宽广平坦，地势起伏不大；有的高原则山峦起伏，地势变化很大。世界最高的高原是中国的青藏高原，面积最大的高原为南极冰雪高原。

高原最本质的特征是：地势相对高差低而海拔相当高。高原分布甚广，连同所包围的盆地一起，大约共占地球陆地面积的 45%。

延伸阅读

美登月宇航员：政府隐藏外星人与地球取得联系

据英国媒体报道，美国航空航天局（NASA）一贯否认外星人或"不明飞行物"（UFO）的存在，然而美国"登月第6人"、现年77岁的"阿波罗14号"登月宇航员埃德加·米切尔博士在接受一家美国广播电台采访时，却披露惊人内幕。他称外星人不仅存在，并且许多飞碟都曾访问过地球，还和NASA的一些官员进行过"第三类接触"，但美国政府却将这一真相向世人隐瞒了60多年！

外星人"对人类没有敌意"

据报道，现年77岁的埃德加·米切尔博士曾是美国"阿波罗14号"登月宇航员，同时也是第6个登上月球的人类。

米切尔日前接受美国Kerrang!广播电台采访时披露，在他的宇航员生涯中，UFO曾经多次造访地球，但外星人和地球人的每一次"第三类接触"事件都被NASA隐瞒了下来。

米切尔称，曾经接触过外星人的NASA消息来源告诉他，外星人是"在我们眼中看起来非常奇怪的小人"，外星人的真实模样很像我们想象中的"小体格、大眼睛和大脑袋"。

米切尔宣称，外星人的科技相当先进，人类的科学技术根本无法和它们相比，不过外星人显然对人类没有敌意。

米切尔说："如果外星人对我们存有敌意，那我们早就完蛋了。"

"罗斯维尔事件是真的"

UFO研究者们相信，1947年美国新墨西哥州罗斯维尔UFO坠毁事件中坠毁的东西，显然是一架外星飞碟。

米切尔接受采访时对此进行了证实。他还表示，此后外星人又曾多次访问过地球，可美国政府却将飞碟访问地球的真相向世人隐瞒了60多年。

米切尔说："在过去 60 年中，政府一直在试图掩盖这一真相。不过，一些内幕后来仍然慢慢泄露了出来，并被我们这些宇航员所知晓。我过去一直处于军事和情报圈子中，这一圈子的人能够知道公众不知道的真相。是的，外星人的确已经访问过我们的地球。天文学家已在宇宙中发现了许多有机物，这些是生命活动的迹象，从理论上来说，人类在宇宙中不应该是唯一存在的智慧生命。从最近报纸上发表的新闻可以得知，有关神秘 UFO 访问地球的报道也越来越多，各国政府和整个人类都应正视这一事实，我们既没有必要恐慌，也没有必要加以掩饰。"

米切尔称，他现在出来公开披露外星人访问地球的真相，是因为他已不再关心自己的安全。米切尔称，其他一些登月宇航员也知道外星人的确存在的真相。

"阿姆斯特朗曾看到 UFO"

以前有报道称，当美国"阿波罗 11 号"宇航员阿姆斯特朗乘坐"鹰号"登月舱踏足月球表面后，就曾遭遇过 3 个直径 15 米到 30 米左右的 UFO。

当阿姆斯特朗向休斯敦地面控制中心震惊地汇报看到的一切时，NASA 专家将和阿姆斯特朗进行通讯的频道迅速切换掉。人们听到的阿姆斯特朗的最后一句话是："那儿有许多大东西！老天，它们真的非常大！它们正呆在陨坑的另一头！它们正在月球上看着我们到来！"

米切尔是少数几个敢公开承认 UFO 存在的 NASA 宇航员，他披露的 UFO 真相将 Kerrang! 广播电台主持人尼克·马吉里森惊得目瞪口呆，马吉里森说："我本来认为他的这些话都是宇航员的幽默，但他谈论外星人时的态度绝对严肃。"

然而，针对米切尔关于外星人访问地球的惊人评论，美国 NASA 一名发言人却说："NASA 并不追踪 UFO，NASA 也从来没有参与过任何掩饰在地球或宇宙其他地方存在外星生命的活动。米切尔博士是一个伟大的美国人，但我们在这个问题上不敢苟同他的观点。我们的任务是探索更多的真相，如果外星人真的存在，我们没有任何理由对此加以隐瞒。"

什么是 UFO

"UFO"俗称"飞碟",是迄今尚未弄明白的世界之谜。

2000 多年以来,这个怪影一直在世界天空飞翔徘徊。中国宋代的著名科学家沈括在《梦溪笔谈》中曾非常生动而翔实地描述过。西方古代也曾被当成驾临地球的"众神之车"。直到 1947 年美国人才惊异地称之为"飞碟"。以后,人们又发现它具有多种多样的形态,不仅仅只有一种"碟子"形态,于是,只得以"不明飞行物体"(Unidentified Flying Objects)呼之,缩写为 UFO。

UFO 是极其光怪陆离的不可思议的奇观。

迄今为止,世界上的 100 多个国家和地区,可以说都程度不同地卷进了对"世界奇谜"UFO 的探索。其中官方或民间研究团体较多,而政府或科学部门比较重视和支持的主要国家和地区有——美国、英国、法国、俄罗斯、中国、德国、意大利、日本、阿根廷、秘鲁、墨西哥、巴西、格林拉达,以及香港等等。

通过大量的目击、拍摄、资料研究,已经初步获得某些前所未有的认识。但是,它距离解开这个谜团仍相当遥远。

根据美国两个举世闻名的飞碟研究组织:APRO(空中现象研究会)和 CUFOS(不明飞行物研究中心)等为主要撰写者,写出的论文《与 UFO 的五类接触》表明:目前地球人与 UFO 有 5 种程度不同的接触:

1. 第 0 类触接:遥远的目击。

2. 第一类接触:近距离目击。

3. 第二类接触:人体的某一部分触及 UFO 上的某种东西;或目击、触及遗留痕迹。

4. 第三类接触:看清了 UFO,特别是看到其中载的类人高级生命体。

5. 第四类接触:直接与 UFO 和宇宙人接触,其方式有被劫持,被弄去检查,和这些飞行器与乘载者相处一段时间而体验较深。

另据美国芝加哥大学教授德伯特·圣托斯博士用电脑分析从 1947 年 6 月到 1977 年圣诞节的 30 年间 5 万多件目击报告后指出：

UFO 访问地球的活动中心地区大约是从地球之西到东 2 万千米的范围内。

它的活动周期为 61 个月，也就是说每 5 年零 1 个月，便出现一次活动高潮。

第一次活动高潮。1947 年 6 月，中心在美国华盛顿。该月的目击事件比其他月份增加百倍。

第二次活动高潮。1952 年 7 月，以美国中部各州为中心，该月活动比过去 5 年平均增加 20 倍。

第三次活动高潮。1957 年 8 月，以南美洲为中心，该月目击事件增加 10 倍。

第四次活动高潮。中心在大西洋岸附近，时间是 1962 年 9 月。

第五次活动高潮。出现在 1967 年 10 月的英国。

第六次活动高潮。出现在 1972 年 11 月的南非，目击事件很多。

第七次出现在 1977 年圣诞节前后，在前苏联咸海附近。

据曾经和著名的 UFO 研究权威海尼克博士合作过多年的美国雅克·瓦莱博士论述，UFO 具有以下 6 个特性：

第一，物理特性。它是在空间占有一定位置的物体。它能位移，能通过热效应、吸收或放射光来对周围起作用。能造成空气紊流、在着陆时会留下压痕、灼伤痕，使人们可概估出 UFO 的大小、重量，及所用能源。它是个实际存在的东西。

第二，反物理特性。它的这些性能是违反物理性的：如（1）能钻入地下；（2）在地面上呈现模糊或透明状态；（3）能同一个透明的飞行体合二而一；（4）能够突然隐没，又突然在其他地方出现；（5）人眼可看见它，但雷达又测不出来。

第三，其物质不是普通的已知物。但目击人囿于习惯和观点，总是把它描绘成通常常见的物质所造。

第四，生理反应。有些 UFO 会使人体烧伤，局部瘫痪，热感刺痒，失去视力、感觉恶心、呼吸困难、丧失意志、害失眠症。

第五，影响人的心理方面。（1）不通过直接的感官而产生通灵感觉；（2）人身会奇怪地被浮移到别的地方，远者能飞千里；（3）在未曾看见UFO情况下，会无故地出现动静或发出声音；（4）UFO还表现在似乎能感知目击人的思想活动；（5）产生梦幻或前驱"幻觉"；（6）使目击者具有特异功能并使个性改变；（7）能使人受的创伤或患的疾病自然痊愈。

第六，能导致和引出某种带有文化性质的反应和副作用。对人们已形成的知识和观点会带来变化。

随着UFO研究的发展，在当今世界，实际上正在趋向于形成一种未来的崭新的学科。这种学科的研究目的已相当明确，它就是通过寻找"地外文明"来推进人类社会的未来（或前景），求得一个突飞猛进的发展。

对UFO的探索和研究，必将会涉及到许多学科，例如——天体演化、生命起源、物质结构这三大"前沿科学"（也称为"自然科学的三大基本理论问题"）。数学、物理学、化学、天文学、地学、生物学、力学这七大"基础科学"。至于人类学、历史学、语言学等则自是不言而喻的。如果UFO研究能够有朝一日收到预期的成效，它将帮助人类在发展尖端科学，解决跨越时空问题，以及想象不到的许多方面获得突破性的成果。更将使人类能从"必然王国"的现实走向"自由王国"的未来，取得胜利的飞跃。

尽管UFO的研究热潮如此热烈，然而在相当一部分科学界和其他人士当中则对UFO究竟存不存在，却仍然存在着怀疑乃至否定态度。

UFO存在吗？从许许多多现实的、历史的、外国的、中国的目击记录与历史文献，及研究考察看，我们认为它存在着。

例如，美国空军调查了17年后发表的《蓝皮书调查计划》（1952—1969年）。参加这个计划的专门委员会共拥有37名专家，他们花了两年时间，对12 618件目击案件进行过严格的科学鉴别，又从中选取91起作为重点解剖，于是便得出：在目击案中大约有80%的现象是：或属于流星，或是属于人造卫星，或是云块，或是幻觉、幻影，或是海市蜃楼，或是鸟群、虫群。甚至还有些是弄虚作假、欺骗别人的作伪照片。但是，仍然有

10%～20%的 UFO 目击案例，却无法作旁的什么解释。因此不能加以断然否定。

那么存在不存在"地外文明"？"地外文明"又可不可能和"地球文明"交往？

这在目前也有很多争论。以肯定存在"地外文明"，但又认为目前难于交往的说法较多，而认为在若干年前已早有来往者亦不少。

太空茫茫、无疆无际，奥秘无穷、变动不停。仅仅在银光璀璨的漩涡似的天河——银河系天体的世界，它就包拥 1 500 亿颗的大小恒星，这一旋转着的呈扁平状态的天体结构，它的直径已达 7 万光年，厚度有 6 千光年。而银河外面、尚有 1 000 亿个类似于银河系的星系存在。这当中又约有 100 万亿颗恒星，围绕这中间若干恒星而旋转的有许多行星。在这些星系中间，我们所处的太阳系仅是处于离银河系中心约 2 300 万光年的一个普通星系而已。

宇宙当中，有没有类似地球同样居住着高级智能生命体（或俗称为外星人）的星球呢？

根据美国天文学家们对银河系范围的估计：如（1）斯托尔派认为，在银河系中间，适合于生命居住的行星，就大约有 10 亿颗。其中有 100 万到 1 000 万颗行星上面，就居住着地球人式的高级生物；而文明进化程度超过地球人者，还大有存在。

（2）又如康奈尔大学行星系实验室主任，前任美国政府太空顾问沙根认为，银河系内有 1 000 亿颗适于生物生存的行星。其中很可能有高级生命居住着，它不下于 100 万颗。

（3）还有认为银河系的 6.4 亿颗行星中，至少有 1/2 000，也就是有 30 万颗住有"宇宙人"的。

（4）已有许多科学家研究出地球在 35 亿年前即已出现生命。那么已经有 135 亿～155 亿年的大宇宙，它所拥有的一批具有 80 亿～18 亿年"最古老星体"的星系，就很可能产生具有高等智能的生命了。

美国科学界，曾在 1930 年发现冥王星的美国著名天文学家汤波教授宣布说，他在 1957 年亲自目睹过一些不明飞行物体，它们是真的。

他宣布说："在这一年里，我看到了3个不明飞行物。无法用已知现象——金星、流星或飞机等现有常识来解释。我认为好几位著名学者硬是不肯考虑来自外星物体的可能性，他们的态度是反科学的。但要作出最后的结论，恐怕还为时过早！"

1969年10月某夜，美国前总统卡特（当时还是参议员）在他的故乡佐治亚州亲眼看见"月亮样的UFO飞行10分钟"。他填了《美国空中现象调查委员会飞碟目击报告》（301—949—1267号）。在1977年2月又填了一张。他说："我深信飞碟确实存在。"

美国前总统罗纳德·里根认为"飞碟是存在的。""来自其他星球人的攻击，应是最严重的危险之一。"

很多学识渊博的学者愈来愈认识到我们这种地球人决不可能是独一无二的"天之骄子"。我们迄今为止创造的"文明"，也决不能断言是"只此一家"。

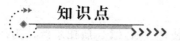 知识点 ▸▸▸▸▸

冥 王 星

冥王星，或被称为134340号小行星，于1930年1月由克莱德·汤博根据美国天文学家洛韦尔的计算发现，并以罗马神话中的冥王普路托命名。它曾经是太阳系九大行星之一，但后来被降格为矮行星。与太阳平均距离59亿千米。直径2300千米，平均密度0.8克/立方厘米，质量1.290×10^{22}千克。公转周期约248年，自转周期6.387天。表面温度在-220℃以下，表面可能有一层固态甲烷冰。暂时发现有4颗卫星。

中国古代 UFO 事件

UFO 的出现绝非偶然，并且历史悠久，这在中国尤显突出，在古籍文献中就多有记载。这里抄录几则，大家若有意，不妨与专题中出现的现代 UFO 事件做一比较，是否有种恍若隔世的感觉？

熊休甫所居前有二池。万历戊午夏间，日正中，忽有物，沉香色，圆滚如球，从树梢乘风跃起，堕前池中，池水为沸。少顷复跃起，堕于近池。视前池沸声更噪，其堕处翻涛如雪，池水顿黄。久之奋跃，从门旁东角冲拳而去，不知所向。

——郑仲夔《耳新》卷七《志怪》

去西部一十里，分香铺塘南有大香樟树，高可数寻，里民张氏居其下。崇祯十七年七月十六午刻，忽树巅现一大红龙纹旋转不息，一食顷望西北冉冉而云，远近成睹。里人胡少崇山峻岭为预言者，后树亦凋落。

——王逋《蚓庵琐语》

仇益泰云：己酉二月中旬，从兄读书其邑天宁秀碧峰房，粥后倚北窗了夜课。忽闻寺僧聚喧，急出南轩，见四壁照耀流动，众曰：天开眼。仰见东南隅一窍，首尾狭而阔，如万斛舟，亦如人目，内光明闪闪不定，似有物，而目眩不能辨。暗淡无色，须臾乃灭。

——冯梦龙《块雪堂漫记》

至正乙未正月廿三日，日入时，忽闻东南方军声且渐近。惊走觇视，它无所有，但见黑云一簇中，仿佛皆类人马，而前后火光若灯烛者，莫如其算。迤逦由西北方而没。惟葑门至齐门居民屋脊龙腰悉揭去，屋内床榻屏风俱仆。醋坊桥董家杂物铺失白米十余石，酱一缸，不知置之何地。此等怪物，毫不可晓。

——钮秀《南村辍耕录》卷七《志怪》

119

YUZHOU ZHONG DE SHENGMING ZHI MI

乾符二年冬，有二星，一赤一白，大如斗，相随东南流，烛地如月，渐大，光芒猛怒。三年，昼有星如炬火，大如五升器，出东北，徐行，陨于西北。四年七月，有大流星如盂，白虚危，历天市，入羽林灭，占为外兵。

——《新唐书》志二十二

乾隆乙巳岁大旱。是年十一月初，中石湖中，每夜间人声喧嚣，如数万人临阵，响沸数里。左近居民惊起聚观，则寂无所有，第见红光数点，隐见湖心而已。自镇江、常州北至松江、嘉、湖之间，每夜均有照光照彻远近。枯人鼓噪，其光渐息，俄又起于前村矣。

——钱泳《履园丛话》

晋代学者郭璞注曰："其人善为机巧，以取百禽。能作飞车，从风远行。汤时得之于豫州界中，即坏之，不以示人，后十年，西风（按：当为东风）至，复作遣之。"郭璞采用的当是成书于汉代的《括地图》的说法，类似的记载还出现在晋代张华所辑的《博物志》中。故事发生在"汤时"，约在公元前 16 世纪。三眼独臂的"奇肱国"人驾驶"飞车"，无意中落到中原地带，10 年后又飞走了。这简短的记载与现代的某些飞碟事件竟那么相似。按汤时人的说法，"奇肱国"的飞车"从风远行"，似乎就像现代的滑翔机。就算是滑翔机，那也不得了，超高科技啊！

UFO 的猜想

美国空军曾对飞碟进行研究，名曰"蓝皮书计划"，研究过来自世界各地约 1300 件的目击报告，内容非常丰富。但这个计划研究了 22 年，终于无疾而终，也没有进一步结果公诸世人，只有一些类似于阿根廷国家日报的分析报告，全是敷衍草率的说法，留下许多无法解释的谜团。

不过，我们可以根据目击者所看到的飞碟，以大小来分类，有由小型迷你型飞碟到大型飞碟等各种形状。飞碟如果是外星人所乘坐的飞行器的

话，那么可能依照用途的不同，而有各种形状、大小的分别。依照目击案例可由大小分类如下：

超小型无人探测机：直径 30 厘米左右较多。小的飞碟可飞进房屋内，在标准大小 UFO 出现前先发现此大小飞碟的情况居多，通常为球型或圆盘型。

在马来西亚也曾发现迷你型 UFO 载有体型小的外星人的报道，所以也不能断定迷你型 UFO 为无人探测机。

小型侦察机：直径在 15 米左右，曾有人目击到此大小的飞碟着陆，并由飞碟中走出外星人，并在降落地周围进行各项调查。

标准型联络船：直径在 10 米以上，以圆盘型较多，是最常见的 UFO，可能是与外太空及地面调查的飞碟互相联络用，地球人被绑架到飞碟的事件，也几乎都是此型飞碟的杰作。

大型母船：直径由 1 千米到几千米以上大小的飞碟，以圆筒型及圆盘型居多。由几千米到一两万米高度被看到的情况较多，降落在地面的目击案例则没有。

由于有许多目击者指出，有小型或标准型的 UFO 飞进或飞出，因此，此大小的飞碟被认为可能是飞碟的大型母船。

例如，在法国首都巴黎西北 65 千米处，坐落在厄尔省的一个著名的小镇叫韦尔农。这是一个引人瞩目的市镇，一个军事研究中心就设在这里，专门研究弹道学和空气动力学。因此，该市镇有一批重要的军官和科技人员。

8 月 22 日至 23 日，巴黎地区天空晴朗，能见度极佳。破晓之前，月光如水，万籁俱寂。深夜 1 时左右，贝尔纳·米塞莱返回家中，将汽车安放妥当。当韦尔农市这位商人走出位于塞纳河岸的自家车库时，吃惊地看到一个淡色的发光体，把刚才沉睡在灰暗之中的市镇照亮了。他看到空中有一个十分巨大的发光体静静地悬停在城市上方，它毫无动静。看上去它的位置在塞纳河北岸，离地面约 300 米，其形状很像一支垂直庞大的雪茄烟。

米塞莱先生对调查人员说："我静观了这令人吃惊的情景，突然，从雪茄状物体下端蹦出一个盘子一样的发光体来，它呈水平状，开始自由向下坠落，片刻间减慢速度。可是不一会儿，它又摇晃了一下，然后沿水平线越过塞纳河，高速向我飞来，这时它变得极为明亮。在很短几秒钟显得还是个盘状物，它周围有一层十分耀眼的光芒。

"这个盘状物高速从我身后飞过，消失在西南方向。数分钟后，第二个发光体从雪茄状发光体下端飞出，它的形状、大小、发光程度以及运行方式同第一个完全一样。第三个又重复了前两个的动作，接着又出现了第四个。在相隔一段较长的时间后，雪茄状发光物上跳出第五个盘状物。那直立着的巨大雪茄始终没有动静。第五个盘状物向地面降得比前面4个都低，几乎贴近了塞纳河上的新建的桥。它在桥上方悬停片刻，然后微微倾斜。这时极其清楚地看到了它的圆盘头。它呈红色，中间的红光较强，四周边沿较弱。它周围的光晕十分炽烈。悬停了一会儿后，圆盘开始像头4个发光体那样左右摇晃起来，转眼间就达到惊人的速度，犹如箭样消失在北方远空。奇怪的是雪茄状发光体这时熄灭了。长达100米的庞大物体隐没在黑暗之中不见去向。整个过程共持续了45分钟。"

翌日，米塞莱先生来到警察局报告他在夜里的目击经过。警方告诉他，有两位正在巡逻的警察在夜里1点30分前后也看到了这个现象。另外，军队实验室的一位工程师，昨夜同一时间里驱车在韦尔农镇西南郊第181号国家公路上行驶时，也目睹了不明飞行物。

这4个目击者素不相识，分别报告警方，但各人的叙述是那么相似。他们不想扬名，只有米塞莱一人同意报道事情经过。新闻记者采取了种种不正常的手段找到了那位工程师，但都吃了闭门羹。

事实上同类案例不胜枚举。1952年12月6日，美国空军的B-26式轰炸机的一个机组成员，在墨西哥湾上空看到了一个同韦尔农现象正好相同的不明飞行物案例：那天清晨5时25分，雷达显示出UFO飞向飞船的图像，随后速度十分惊人地消失了。

UFO进入一个速度大大超过每小时8000千米的宇宙飞船，这表明UFO乘员有极其准确的操作技能，同时也说明了UFO与飞船之间臻善的同步性。

相信飞碟是一种飞行器的人，把这两个例子视为有力的证据，表明存在着庞大的"飞碟母舰",它们能够容纳和运载 5 架小飞碟。

1952 年 10 月,发生的加那克事件和奥洛隆事件更能说明这一点。在那两次飞碟案中,人们看到了飞碟离开和返回母舰的全过程。1952 年 10 月 17 日至 27 日,仅仅 10 天之隔,法国西南部两个城市的居民长时间地观察到一个又长又窄的巨大飞行物,周围有许多小的飞行物,两地目击者的描绘是那样的雷同,简直叫人不敢相信。

1954 年 9 月 14 日白天,巴黎西南 350 千米外大西洋沿岸的旺代省五六个村子里的数百名群众,也目睹了 UFO 离开母舰和返回母舰的全过程。大部分目击者是农民,少数几个是神甫和小学教员。

若依外型来区分的话,则飞碟至少可分为 10 种,但为何有这么多形状的原因则尚未明了。代表性的飞碟形状,依目击者的证词指出,UFO 的形状虽有各式各样,但看到完全相同形状的例子则几乎是没有。

此外,在我国及世界其他地区曾发现过螺旋形的 UFO。如上文提到的中国"7·24"螺旋型 UFO 事件,以及 1963 年 11 月 27 日,在西非海域,3 艘国际商船的船员目击到一个螺旋形不明飞行物,与"7·24"一类螺旋 UFO 无异。

除了上述形状的以外,还有类似直升机形的飞碟。最近并有云状 UFO 或发光体型 UFO 在世界各地出现,假若 UFO 是外星人飞行器的话,那么此形状的飞碟应是最适合宇宙飞行的。

许多飞碟研究者认为,如果外星人在地球上有飞碟基地的话,那么,除去海洋之外,戈壁沙漠是外星人飞碟的理想基地。法国著名飞碟学家亨利·迪朗在《外星人的足迹》中曾经说过:"大量的事实表明,戈壁沙漠和天山山脉,茫茫乎人烟绝迹,都是飞碟降落的好地方。一群德国学生和去内蒙古的许多旅游者,都曾目击过飞碟在那里频繁降落。可以肯定,戈壁滩是飞碟的一个理想的基地。"

事实也确实如此,在我国内蒙古和新疆的茫茫戈壁上空,经常有飞碟出没,当地人已习以为常。

1979 年 9 月 20 日前后一个深夜 1 时许,新疆某农场技术员在外乘凉,偶然发现天空有一个状如满月的橘红色飞行物,比月亮稍小,边缘十分整齐，飞行速度极快，两三分钟后消失在西方地平线。它不是飞机，飞机不会无声无息，形状也相差太多，也不可能是气球，气球不可能有超过音速若干倍的速度。且当晚刮西南微风，气球也不会逆风飞行。这个农场离"死亡之海"的塔克拉玛干大沙漠仅几十千米。

UFO也常光顾非洲的撒哈拉大沙漠。已故著名女作家三毛，在撒哈拉沙漠就曾两次目击UFO。为此，她多次在电视上作证，证明的确存在UFO。

从大量的飞碟着陆案可以看出，外星人降临地球的主要目的，是对地球的一切进行全面考察和采集各种标本，他们常常对地球人是主动回避的，他们还不想与地球人公开交往。鉴于此，如果他们真要在地球上建立永久性基地的话，占地球表面70%的广袤水域正是最理想不过的地方。

在不少的飞碟案中，人们都曾看见过飞碟从海洋中飞出或从高空直接钻入海中。

在世界的各个海域都有飞碟出没，其中飞碟出现最为频繁的当数百慕大三角区，这已是世人悉知的常识。许多军用和民航机的驾驶员，海军和民船的水手、渔民、记者、研究人员，都在这里的海域或空中目击过各种各样的飞碟。在百慕大地区，不仅已有数以百计的各种飞机、船舰，在状态极为良好的情况下，眨眼之间不留痕迹地消失得无影无踪。而且美国肯尼迪角发射的3枚带弹头的火箭也莫名其妙地掉进了百慕大三角海域，可是谁也测不出火箭坠落的精确位置，自然也就无法打捞。

在百慕大三角区水下，人们已经发现了不少的人工建筑和两座巨大的金字塔，显然不是生活在地球陆地上的人们所为。在这个水域，除了有所谓的"幽灵潜艇"出没之外，人们还发现过一些没法解释的东西。

如1996年9月，一个名叫马丁·梅拉克的探宝者，在离佛罗里达海岸数千米的12米深的海水中，看见了停着一个形如火箭的东西。梅拉克立即向军队作了报告。9月27日，梅拉克陪同两名海军潜水员，再次来到那里成功地找到了那个物体，并把它送到美国海军部。可是，就连美国最优秀的专家们也不知道那是什么东西，显然不是地球人建造的。

百慕大三角区出现的飞碟实在太频繁，以致生活在其周围广大地区的居民都见怪不怪，习以为常了。而这里又常有飞机、船只莫名其妙地失踪，

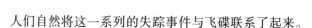
人们自然将这一系列的失踪事件与飞碟联系了起来。

一些飞碟专家经过长期的分析研究后终于得出了这样的结论：如果说广阔的海洋是外星人在地球上理想的基地的话，那百慕大三角区就是基地的总部。

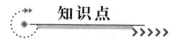

知识点

戈 壁

戈壁，在蒙古语中有沙漠、砾石荒漠、干旱的地方等意思。在中文里又称"瀚海沙漠"、"戈壁滩"、"戈壁沙漠"。戈壁是世界上巨大的荒漠与半荒漠地区之一，绵亘在中亚浩瀚的大地，跨越蒙古和中国广袤的空间。戈壁多数地区不是沙漠而是裸岩。

延伸阅读

中国史书中记载的不明飞行物

中国史书中很早就记载有不明飞行物体或不明天象。夏朝时（前1914年）有"帝廑八年，十日并出"，《竹书纪年》亦载"八年，天有妖孽，十日并出"。商帝辛四十八年"二日并出。"。

商　朝

《拾遗记·卷二》："成王即政三年（前1114年），有泥离之国来朝，其人称自发其国，长从云里而行，雷霆之声在下，或入潜穴，又闻波涛之声在上，视日月以知方国所向，计寒暑之年月。"

周武王灭亡商朝之前二年（前1110年），在黄河边，"有火自上覆于下，至于王屋，流为鸟，其色赤，其声魄。"（《史记·周本纪》）

汉　朝

《资治通鉴·卷十七》西汉武帝建元二年（前139年）："夏四月，有星如日，夜出。"《古今图书集成·庶征典·卷十九》载："四月戊申，有如日夜出。"

汉昭帝元平元年（前74年），"有流星大如月，众星皆随西行。"（《汉书·昭帝本纪》）

西汉成帝建始元年（前32年）："九月戊子，有流星出文昌，色白，光烛地，长可四丈，大一围，动摇如龙蛇形，有顷，长可五六丈，大四围，所诎折委曲，贯紫宫西，在斗西北子亥间，后诎如环，北方不合，留一合所。"

《汉书·天文志》："十五年（72年）十一月乙丑，太白入月中。"

汉光武帝建武十年（34年）三月，"流星如月，从太微出，入北斗魁第六星，色白，旁有小星射者十余枚，灭则有声如雷，食顷止。"（《后汉书》）

《古今图书集成·廿五卷·月异部》"东汉桓帝延熹八年（165年）正月辛巳，月蚀，非其月"。

《后汉书·五行志》"后汉灵帝建宁元年（168年），日数出东方，正赤如血无光，高二丈余，乃有景（影），且入西方，去地二丈亦如之"。

晋　朝

《晋书·惠帝本纪》："西晋惠帝永宁元年（301年），自正月至于是月，五星互经天，纵横无常"。

晋愍帝建兴二年（314年）正月辛未，"辰时，日陨于地。又有三日，相承出于西方而东行。（《晋书·愍帝纪》）

《晋书·愍帝本纪》："西晋愍帝建兴五年（317年）正月庚子，三日并照，虹蜺弥天，日有重晕，左右两珥。"《晋书·天文志》："三四五六日俱出并争，天下兵作亦如其数。"《古今图书集成·卷二十一》也记有："五年正月庚子，三日并出。"

东晋元帝太兴元年（318年）十一月乙卯，日夜出高三丈。（《资治通鉴》）

《古今图书集成·卷廿五》"晋穆帝升平元年（357年）六月，秦地见三日并出。"

南北朝

南朝宋文帝元嘉七年（430年）十二月，"有流星大如瓮，尾长二十余丈，大如数十斛船，赤色，有光照人面，从西行，经奎北大星南过，至东

126

璧止。"（《宋书》）

梁武帝普通元年（520 年）九月乙亥，夜有日见东方，光烂如火。（《建康志》）

《隋书·天文志》："北周静帝大象元年（579 年）五月癸丑，有流星一，大如鸡子，出氐中，西北流，有尾长一丈许，入月中，即灭。"

隋 朝

《古今图书集成·卷廿五·月异部》："隋文帝仁寿四年（604 年）六月庚午，有星入于月中。"

千奇百怪的 UFO

一般来说，飞碟的形状是一个盘子上放着一个圆形的东西，可有人的发现与此不同。1973 年 2 月 11 日夜晚，英国的德塞特州亨吉斯特贝利，当地的报纸《晚间音乐回声》的记者卡尔·惠特里先生所看到的飞碟的形状是环状的、车轮一般的模样，窗户和星点模样的东西都围在那上面。

同卡尔在一起的渔夫麦克·派卡，他们两人用望远镜观察了 45 分钟。车轮形的飞碟倾斜得很厉害，放出耀眼的光芒，慢慢地朝西面飞去。看上去整个飞行体缓缓地转动着。

当天晚上是个满月之夜，不可能把云彩、飞机和气球误认为飞碟。而且它的高度使人把轮廓看得很清楚，不可能搞错。人们把它推断为：那可能是一只 UFO 的母舰或者是 UFO 基地。

加拿大安大略省明顿的波休康格湖的周围，从 1973 年 12 月开始，人们不断地发现奇怪的飞行体，数量很多，集中在湖边出现。终于在 1974 年 5 月有人忍不住向国防部提出申请，要求调查此事。提出申请的人是当地居民安休利·卢纳姆先生。

根据卢纳姆夫妇的反映，UFO 几乎每天出现，三角形和椭圆形都有，发光的颜色也很多，什么红色的，蓝色的，绿色的和白色的，真所谓形形色色，不一而足。还有 9 根天线插在上面，灯光一亮一暗，好像在跟什么地方通信联系。

特别是3月份发生的事情，那简直是件怪事！从湖边出现的 UFO，接近了居民的住宅，它向住房的窗户射出一道光线，把已经结冰的窗户上的冰霜融化开来，窗户的木框是木头做成的，被加热以后，房间里的人甚至可以闻到那木头烤焦的气味。令人不明白，UFO 此举目的何在。

那一带目击飞碟的人很多，还有不少飞行员和记者发现在3月的雪地上有三角形飞行物留下的痕迹。当地居民被 UFO 搞得心神不宁，卢纳姆先生为此向国家发出呼吁。

同时在别的地方，也有不少人目击了向附近飞去的 UFO。那3个奇怪的飞行物留下的物质被送往科学家那里去研究。南加州的地质学博士拉里·道依尔经过仔细研究，证明该物质经过了高超温的处理。

"UFO 照射到我的脸上啦！"1973 年10月4日，美国密苏里州盖普·吉拉尔德的东南面的密苏里医院，大型汽车的司机埃迪·D·威勃先生这么喊道。当威勃太太被热气熏得昏过去的时候，他眼镜的塑料镜片仿佛被火烧过似的，高热烤焦痕迹历历在目。他的眼睛也发红了，一时间什么都看不见。

根据他们的证词，当他们在高速公路上行驶的时候，从反光镜中看到后面的路上半浮着一个杯形的奇怪物体，红色和黄色的灯一亮一暗的闪烁着，中央部分看上去很费劲似的忽上忽下的转动。

那时威勃先生把睡在身旁的太太叫醒，他把头伸出窗外向后张望，突然一个火球飞过来命中他的脸。急忙停车，当太太向后面探望时，已经什么都看不见了。

同医院的物理博士哈莱·鲁特雷基检查了眼镜的镜片，他说，"这里面的物质似乎是被超音速音波所破坏，镜片内部被加热处理了。"

南半球的新西兰，从 1973 年年底到 1974 年左右，目击 UFO 的事件频频发生。这些事情几乎都是与火山爆发同时发生的。"飞碟与喷火是不是有连带关系呢？"人们不禁提出这样的问题。

1973 年10月，努卡沃尔霍埃山火山爆发，并且连续不断地喷发。10月 17日，附近的居民开始看到"飞碟母舰"。到11月，火山还在喷发，飞碟每天出现。到了 12月情况也是一样。

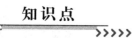
知识点

音　速

声音的在 15℃ 的空气中的速度是 340 米每秒，大约是 1 224 千米每小时。超音速是指速度比 340 米每秒大的状态，比这个速度小于 340 米每秒的速度称作亚音速，等于 340 米每秒的速度为穿音速，声音的速度会因为气温的不同或气压的不同，而有所不同。音速的单位叫马赫（mach），1 倍音速叫 1 马赫，2 倍就叫 2 马赫。

延伸阅读

离奇失踪事件的飞机

1978 年 10 月 21 日，从澳大利亚墨尔本附近的莫拉丙机场，一架协和式飞机飞向一片暮色的天空。时值晚上 6 点 19 分，天空晴朗，景色怡人。它的目的地是直线距离约 200 千米的南方海上的金格岛。协和飞机预定在此岛上装满海产货物，然后马上返回莫拉丙机场。

正驾驶弗雷德里克·保罗·布连地年仅 20 岁，但已有近 200 小时的飞行经验，是一位极有前途的飞行员，他为了取得专业的飞行执照，要达到飞行员的规定夜间飞行时数，所以在当日往返金格岛。

飞离了莫拉丙机场的布连地，往目的地前进时，看见在西南方出现一个像是发光的气球般的东西，到了渥太威岬仍看到它的踪影。晚上 7 点整，布连地向墨尔本的控制塔通讯说"通过渥太威岬"。在渥太威岬的海面上，机头面向南方一直前进，过 28 分钟就该到金格岛了。

天气状况良好，视线清晰，一切都依飞行计划顺利进行。所以，在这关头，布连地是一点恐怖危险的预感也没有。

布连地唯一感到有点异常的是，在通过渥太威岬岭瞬间的那一刻。晚上7点6分，他向墨尔本控制塔询问"高空150米以下的空中，有无其他飞机？"控制塔回答他"依飞行航程表上记载没有"。可是他却看见，协和飞机的上方，有一架巨大的飞机，这架巨大的飞机，一旦超越过了协和飞机，又会马上折回来再度越过协和飞机的上方。而且像是在戏弄协和飞机似的，一次、二次、三次，不停地反复着。

"难道是要追踪我吗？"布连地有点厌烦地喃喃自语。

墨尔本的控制塔要布连地确认清楚纠缠协和飞机的机体。于是他报告说"这不是一般的飞机！"接着又说"形状是细长形，可以看到绿色的灯光、机体似乎是金属做的，外侧闪闪发亮。"之后，控制塔失去了布连地的音讯，且在这之前，便可嗅出危险的味道了。7点12分，收到他用惨叫的声音说"这家伙在我上面啊！"之后又叫了一声"墨尔本控制塔……"接着通讯就中断了。控制塔的无线电里，在这最后一句话断了的17秒钟内，听到一阵卡嗒卡嗒、嗒吱嗒吱、阴森可怕的金属声，然后又迅速被一片静寂笼罩着。

此时，7点12分48秒，弗雷德就在金格岛的正前方不远处失踪了。

接到协和飞机罹难的消息，澳洲的军方马上出动，在空中及海面上展开大搜索行动。可是飞行员和协和飞机的踪影都没被发现。而且在事发后4天，仍未发现机体的残骸或任何的遗留物，这事便成了难解的谜题，而搜索工作也就此打住了。布连地和协和飞机一起在渥太威岬的海面上，被擦掉抹去似的消失了。

这件意外，在刚开始的时候，仅以普通的飞机失事处理，可是，从控制塔的记录录音带中得知，是有一个UFO般的物体介入之后，因此在国内外引起了极大的回响。否定UFO存在的澳洲政府，发表了这样的谈话："在事件当时，因协和飞机翻转飞行，所以将映在海面上的城市的灯光，误认为飞行物体，才坠落瓺海里。"可是，这架协和飞机的主燃料箱是装在机翼中，无法作50秒以上的翻转飞行的。假如是坠落爆炸的话，也不至于会炸个粉碎，并且片甲不留吧！总有一些碎屑会被寻获。更不可思议的是这17秒钟的金属声，又作何解释呢？爆炸声不会持续了 17 秒呀！这一切该如何说明呢？

事实上，这件事的开端，应该说是在这事发生的 6 个礼拜前开始，在澳洲不断地有人看见了 UFO，而在那一天到达了高峰。在布连地失去音讯的那一刻间，有好几人看到了发出绿色光的 UFO。他果真是和协和飞机一起被 UFO 俘虏去了吗？不留下任何蛛丝马迹而消失了的协和飞机的真相，完全打消了一般常理的坠落和爆炸的说法的可能性。这当然就是超越一般常理所能理解的，也就是 UFO 神秘的一股力量。

"第四类接触" 之谜

当今世界中，除了极少数的一些飞碟研究人员以外，很少有人注意到一场可怕的、令人不寒而栗的"非常事态"正在悄悄进行。飞碟对地球人的"绑架"事件，又名为"第四类接触"，正在迅速地蔓延。

多半是在半夜，荒无人烟的地方，模样奇怪的"外星人"出现了，引诱地球人的男人、女人和孩子进 UFO，然后对他们进行"身体检查"或者"身体实验"等等，最后再把他们释放。在一般的情况下，那些可怜的被害者对自己被诱拐的经历一点都回想不起来，这一部分记忆完全给消除了；哪怕催眠治疗的专家也不能打开他们心灵的窗户。

在科罗拉多州的朗格蒙多，1980 年 11 月 19 日夜晚 11 时 45 分，画家夫妇迈克和麦丽（匿名），在驱车回家的路上，耳旁响起了古怪的音响，遭遇到一股强烈的蓝光。同时无线电和前灯都立即消失了。当他们打开窗户想确认光源的时候，发现车子后轮已被抬起，车子倾斜着腾空而起。接下来，根据两个人的回忆，当古怪的光线和声音突然停止时，他们的车子正以每小时80 千米的速度在高速公路上行驶，他们感到什么地方不对劲，于是看了看手表，时间是半夜 0 时 55 分。他们大概有一个小时左右的记忆失去了。

美国第一流的科学研究机关 CUFOS（UFO）研究中心与社会心理学者理查德·西斯蒙德要求对他们进行催眠实验，麦丽因为害怕拒绝了，迈克欣然接受。他那部分"失落"的记忆被成功地恢复了。

在遭遇到古怪的光线和声音后，两个人的车子开始向空中升起，被引到一个巨大的圆形物体之前。前后左右都被浓密的云雾所包围，一股强烈的电气烧焦的臭味扑鼻而来。

圆形物体的入口处出现了，伸展出一条长长的倾斜的道路，非常明亮，也许是灯光筑成的路。入口处有穿金黄色闪光的异样服装的生物站着，向两人打招呼。然后，被分别领进室内，并被脱光了衣服，固定在台上，头上有个半球形的灯浮动着；迈克曾经听到过麦丽的一次叫唤，他抬头朝这间大房间的另一头望过去，看到麦丽果然也是全身裸体躺在那里，旁边有个生物站着。"身体检查"结束后，他又同妻子在一起，穿上了衣服，回到了停在外面半空中的汽车里。照例是一阵古怪的光线和声音，等到降落到地上后，光线和声音消失了，汽车却像什么事情都没发生过那样的，在高速公路上行驶。

这次的"身体检查"，迈克在两只脚的地方感到烧伤的疼痛。原来在他的两只脚上，原先长着两个黑色肿块，曾经被诊断为恶性肿瘤，不可思议的是，在事情发生后的一年多，肿块消失了。同时他在催眠的状态下，描画了圆形物体和生物，睡过的床和浮动的灯。通过这些速写，研究者发现，他描画的生物具有4个手指，体形和脸的特征同以前的几个"绑架事件"的回忆极为相像。根据迈克的叙述，那些生物能够调节"心灵的波长"，在"身体检查"过程中，他感到"把自己头脑中的记忆装置给取了出来，经过严密检查后，仿佛在其中加了什么知识性的东西，又放回了原处。"

他以前曾经在军界服务过，了解国防和火箭防御等方面的情况，他的记忆被"置换"也许与此有关。还有一种情况就是"人格转换"，被绑架者很多人遇到过这种情况。被绑架者中，人格和智能状态起了很大变化的人很多。

事实上，在催眠实验中，迈克多次反抗，他大声地喊叫，"我不愿成为别人啊！我不愿！"那副挣扎的样子好像在拒绝什么事情。迈克是个思想非常保守的人，他本来坚决不相信有飞碟啊、外星人啊之类的事情，现在他亲身有了这样的遭遇，内心总是非常苦恼。过了不久，他便拒绝参加催眠实验，同CUPOS断绝了来往。

知识点

> ### 催　眠
>
> 　　催眠，是由各种不同技术引发的一种意识的替代状态。此时的人对他人的暗示具有极高的反应性。是一种高度受暗示性的状态。并在知觉、记忆和控制中做出相应的反应。虽然催眠很像睡眠，但睡眠在催眠中是不扮演任何角色的，因为如果人要是真的睡着了，对任何的暗示就不会有反应了。

延伸阅读

UFO 的接触方式

　　目前在 UFO 研究领域中，关于人们对不明飞行物与人类关系方面，较为公认的描述是 4 类接触方式：

　　第一类接触："指目击者看到一定距离内的 UFO，但是未发生进一步的接触。"在 4 类接触中，这类接触的发生率最高。我们常常看到类似的节目和报道，某某处发现不明飞行物，某某人目击不明飞行物，某某人拍照或者摄录下不明飞行物的图片或影片等等。

　　第二类接触："指 UFO 对环境产生影响，如使汽车无法发动，在地上留下烧痕或印痕，对植物和人体产生物理生理效应。"1994 年贵州省贵阳都溪林场突发的事件就被归纳为这种接触方式。

　　第三类接触："指 UFO 附近出现的人型生物，与我们地球人类面对面的接触，包括握手、交谈、性接触及人类被绑架。"这类也是接受质疑最多的一种，毕竟经历这种接触的人凤毛麟角，而他们这类接触过程往往都是通过事后描述记录下来，很难留下什么确实的证据。不过，一般而言，在事后记录时，当事人往往需经过催眠才能再现出与外星生命接触的过程。对于承认催眠科学性的人们而言，这类证据还是可以得到认可的，至少不会被认为是经历者的有意编纂。

第四类接触："指心灵接触。人类并没有直接看到 UFO 或人型生物，但是它们透过人类的灵媒，传下一些特殊的信息。指目击者看到 UFO 附近出现类似人样的生物，但他们未与目击者发生更进一步的接触。"这里提供的资料，也是一种二手资料的形式，但是比起第三类接触，这种方式似乎更难使人信服。

UFO 入侵地球之谜

早在 20 世纪 50 年代，美国空军的研究人员就发现，不明飞行物能通过某种受控电磁波来干扰我们的各种电路，使汽车熄火，发动机停止转动，飞机导航仪和无线电通讯受干扰等。特别是对正在空中飞行的飞机来说，弄不好就会机毁人亡。但最严重的威胁，还是造成大规模的停电事件。

1965 年 9 月 23 日晚上，墨西哥的奎尔纳瓦卡市上空出现了一个巨大的圆形飞行物。包括州长在内的成千上万人发现，这个淡红色不明飞行物在掠过市郊一些村镇的时候，所有的电灯都暗了下来。接着，UFO 又飞入了市中心上空，整座城市便陷入一片漆黑之中，并且持续了几分钟之久。当不明飞行物升上高空，迅速消失以后，这座城市才"重见光明"。

这样的事件在美国纽约也发生过。1957 年 11 月 9 日，一个火红色的巨大飞行物出现在纽约上空，当它向低空下降的时候，各种电器和电网的电流就开始急剧减弱。UFO 在低空慢慢飞行，纽约的汉考克机场变得一片漆黑。这时候，航空教官韦尔登·罗斯正驾机向机场飞来。他发现一个"通红的火球"在低空迅速飞行，它的直径大约有 30 米。接着，不明飞行物悬停在克莱配电站上空，这个配电站控制着全纽约市的用电。不速之客的光临又造成了严重的停电事故，使 600 列地铁停驶，6 万人被困在漆黑的隧道里。另外，有几千人被关在电梯里，叫苦不迭。纽约市内的桥梁和地铁隧道里一片混乱，各种汽车你挤我撞，交通事故不断发生。

5 天之后，也就是 11 月 14 日，一个 UFO 又在伊利诺伊州的塔马罗阿市低空出现，使方圆 6 平方千米以内的电路全部中断。过了十几天，巴西的莫吉一米林也发生了同样的停电事件。当时，人们看到有 3 个 UFO 在空中盘旋。1958 年 8 月 3 日，意大利首都罗马的一个街区，也由于 UFO 从空中掠过，造成了严重的停电事故。

1976 年 12 月 29 日凌晨 1 点 50 分到 2 点 10 分，一个运动中的飞碟在葡萄牙和西班牙上空出现，它像一个重叠在一起的碟子，顶部有一个圆盖，呈现出一道黄色的光柱。据葡萄牙的里斯本、西班牙的巴伦西亚、木尔西亚、阿乐梅里亚、梅利亚等省市的目击者证实，这个 UFO 发射出绿色和浅蓝色的光，能变速和悬停在空中。

根据目击者的观察，飞碟先是由北向南飞，然后一直飞向位于塔拉韦腊附近的一个西班牙军事基地。

在这座军事要地里，营房位于公路的一侧，后面群山环抱，就像一道天然的屏障。中间有一条峡谷一直通往东面的弹药库，另外还有一条军用飞机跑道。

全副武装的哨兵守卫着基地所有的通道和隧道，并且沿着跑道日夜巡逻。军事基地内的用电是通过一条高压线供应的。变压器安装在弹药库的安全地带，还准备了一部备用的发电机。

基地的主要照明设备都安装在隧道口。为了防备万一，在照明设备中还增加了一根光电管，如果用电量超负荷，警报器就会发出警报信号。

除了这些安全措施以外，西班牙军方还在隧道口安装了摄影机。只要警报一响，它们就自动开始拍摄。

1976 年 12 月 29 日这一天，天气特别寒冷。在凌晨 1 点 55 分到 2 点的时候，基地上空响起了刺耳的警报声，把睡梦中的士兵惊醒了。

接着，就是纯种德国军犬的狂吠声，基地里的灯光也熄灭了，只有摄影机自动系统上的红灯还亮着。这时候，备用发电机自动开始工作，但一会儿就停止了运转。整个基地又陷入一片黑暗。

这时候，一个巡逻兵在 5 号隧道口发现了一道强光。全副武装的巡逻队立刻赶往出事地点。

军犬还在黑暗中狂吠着，人们好像听到了一种类似飞机发动时的轰鸣声。巡逻队终于看到了一处焰火般的亮光，他们沿着跑道继续向东跑步前进。4 号哨位的哨兵报告说，他们发现一个闪光的飞行物从峡谷中飞来。飞入基地以后，又以 10 米左右的高度，笔直地从跑道左侧上空穿过，最后悬停在一片谷地上空，并且发出强烈的光芒。4 号哨位的哨兵想打内线电话跟 5 号哨位联系，但电话线路总是不通。

巡逻队为了不暴露目标，熄灭了手提灯，在黑暗中继续往前走。在经过 5 号哨位的时候，却没有人命令他们停止前进，领队的中士预感事情不妙，就命令士兵分两路接近哨所。当来到 5 号岗哨跟前的时候，发现哨兵手握自动步枪，像一尊塑像一样站在那里。再仔细一看，只见他精神紧张、呼吸急促，两眼直愣愣地凝视着一个方向，好像是被什么东西吓呆了。

为了让这个哨兵清醒过来，巡逻队长打了他几个耳光，他却一点反应也没有。接着，中士又派人用钢盔取来了冰冷的水浇在哨兵身上，他才从惊愕中摆脱出来。

哨兵断断续续地回忆说，当时有一股强光射到他的右侧，一个飞行物从他面前飞了过去。接着，他就什么也记不得了。

巡逻队继续向前走，他们又遇到几个目击者。这几个军人回忆说，不明飞行物从 5 号哨位飞过之后，就停在 5 号隧道入口的上空，他们全副武装地赶到了 5 号隧道入口，并且把子弹上了膛，随时准备战斗。但没有发现任何异常情况，只有一个白色物体悬停在那儿。他们目不转睛地盯着它，这是一个巨大的圆形物体，像一个翻过来的盘子，上面有一个圆盖。它的各个部位都发着光。这些光不但照亮不明飞行物的周围，而且照射得很远。

还有的目击者回忆说，它的光特别强烈，但不稳定，时强时弱。光度增强的时候，它就像个模糊不清的发光物体，但光度减弱的时候，它的形状就暴露出来了。

飞碟以每小时 30～40 千米的速度，沿着防线的陡坡飞行，最后消失在山顶后面。

这个不明飞行物在基地里停留了大约 15～20 分钟。它消失以后，基地的电灯又突然亮了起来，发电机也重新运转了。

更奇怪的是，当不明飞行物出现直到消失的时候，基地用来夜间警戒

的军犬也惊恐不安，它们一边狂吠，一边神经质地来回转圈，怎么也安静不下来。

第二天早晨，士兵们在基地的地面上，发现了一些石英类晶体物质。但基地里的土壤是黏土质的，在这样的土壤里是很难找到石英类晶体的。

造成停电事件的不明飞行物真是飞碟吗？它来军事基地到底干什么呢？又是一个不解之谜。

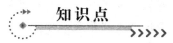

知识点

电 磁 波

　　电磁波是由同相振荡且互相垂直的电场与磁场在空间中以波的形式移动，其传播方向垂直于电场与磁场构成的平面，有效地传递能量和动量。电磁辐射可以按照频率分类，从低频率到高频率，包括无线电波、微波、红外线、可见光、紫外光、X 射线和 γ 射线等等。人眼可接收到的电磁辐射，波长大约在 380～780 纳米之间，称为可见光。只要是本身温度大于绝对零度的物体，都可以发射电磁辐射，而世界上并不存在温度等于或低于绝对零度的物体。

延伸阅读

来自"泰坦尼克"号的新震撼

　　1912 年 4 月 14 日，在离加拿大纽芬兰岛东南 680 千米处的大西洋水域，发生了 20 世纪最大的一次震惊世界的海难事件——"泰坦尼克"号超级客轮同浮冰山相撞葬身大海，船上 2 200 名旅客和船员中的 1 500 多人不幸遇难和失踪。

　　"泰坦尼克"号真是与浮冰山相撞而沉入大海吗？几十年来有关"泰坦

尼克"号遇难的真正原因一直是科学家们探索和研究的焦点，也是一个令人费解的世纪之谜。要知道，"泰坦尼克"号当时堪称"世界上最大的不沉船"。

据美国《旧金山记实报》记者获得的一份绝密档案中说：据幸存的"泰坦尼克"号船员证实，海难发生时，他们站在"泰坦尼克"号的甲板上观察，发现大海中有一些奇怪的'鬼火'神出鬼没地运动着，这些扑朔迷离的'鬼火'像是从一艘来历不明的'幽灵船'上跑出来的。

然而，历史学家们最终指责美国人的"加利福尼亚人"号船长斯金尔·洛尔德，就在发生海事的那天夜里，他的船就处在附近海域，面对"泰坦尼克"号见死不救。就在洛尔德船长临终前，他还一直坚持地认为，当时从"泰坦尼克"号上能清楚地看到来自另一艘来历不明船只的"鬼火"。这一神秘的"幽灵船"当时正处在"泰坦尼克"号与"加利福尼亚人"号之间水域。"加利福尼亚人"号的其他船员还证实说："我们亲眼目睹了这艘行踪诡秘的'幽灵船'它出现不久便瞬间消失在大洋深处。"

超自然现象专家对沉没的"泰坦尼克"号水下残骸的录像资料和照片进行详尽研究后得出一个令人震惊的结论："泰坦尼克"号是意外遭到不明潜水飞行物（USO）射出的激光束的攻击而进水翻沉的，然后它潜入水下，不久又浮上水面观察"泰坦尼克"号翻沉的惨景。当"泰坦尼克"号沉没后，"幽灵船"——不明潜水飞行物便飞离这里，或潜入大海深处，进而留下震惊世界的世纪之谜。

随着时光的流逝，"泰坦尼克"号却给科学家们带来意想不到的礼物——按照"泰坦尼克"号残骸考察计划，在对船体依次拍摄的一系列水下照片中，发现一些来历不明的神奇发光体。最初，研究人员认为，这可能是某种深水鱼群，不过，当研究人员借助电脑再次对这些水下照片进行更详细分析后发现，确实有一些来历不明的人造发光体围绕着"泰坦尼克"号游弋。乘深潜器亲临海底考察的海洋学家确认，海洋中再也找不到跟这些神奇发光体类似的东西了，它们很像在空中飞行的那些 UFO，但又有别于它们，却不是那种典型的飞碟，而是类似世界各地的许多目击者见过的那种能量凝聚体。在 6 幅水下照片中发现 8 个这种神秘的潜水发光体。

研究人员就上述海洋怪异现象向有关国家的海洋部门进行咨询，却毫

宇宙中的生命之谜

无结果，无论海军司令部，还是"和平"潜艇，对这些会游弋的 UFO 都未能作出任何解释。另据可靠消息，无论哪一个国家都未在这一海区进行过任何形式的科学考察或实验。美国政府曾派出一个专门小组就类似海洋怪异现象进行军事调查，但都未能具体查清事实真相。

美国著名飞碟专家伊莱·克罗温博士确认，唯独毋庸置疑的是，这些海中不明潜水飞行物似乎来自地外，我们地球上从未有过这类怪物。然而这种神秘发光体的构造及其制造技术对科学家们来说迄今仍是个谜，在我有生之年，此谜未必能予破解。有关这些神秘的发光潜水物之用途至今仍尚不清楚。或许有人决定帮助我们，或许有人前来骚扰我们，还可能他们在面对面地监视着我们。有的科学家推断，他们能否是宇宙人，或许来自我们迄今未知的水下文明，还可能是来自另一个"平行世界"的神秘访客，抑或在大西洲覆灭的自然悲剧中幸存下来的子孙后代——这一切是当今文明人类根本无法确知和破解的超自然现象之谜。

FBI 揭秘 UFO 事件

2011 年 4 月初，美国联邦调查局（FBI）新近对外公开的一份备忘录，显示美国知名的"1947 年飞碟坠毁事件"可能确有其事。这份备忘录指出，外星人曾于 1950 年前降落美国新墨西哥州的罗斯威尔市。备忘录指出发现 3 架飞碟，里面各有 3 具尸体。

这份呈报给当时 FBI 局长的备忘录，由负责华盛顿办事处的特工霍特尔执笔，写于 1950 年。备忘录披露于调查局设立的在线公共档案阅览室"数据库"，民众可以通过登录相关网址访问搜索。报道称，这份备忘录可能再度引发关于政府掩饰真相的争论。

据悉，霍特尔以"飞碟"为主题，指出空军调查人员告诉他，新墨西哥州罗斯威尔发现"3 个所谓的碟形飞行物"。飞碟呈圆形，中间突起，直径约约 15 米，每个飞碟内有 3 个类似人形的尸体，但高度仅 90 厘米，每"人"穿着质地精细、贴身的金属衣。

霍特尔说，有人指出，飞碟会在罗斯威尔坠毁，是因为政府在当地架设了高功率的雷达，干扰了外星人的飞碟。公开的备忘录已将该人士的名字涂去。

报道指出，这份备忘录证明美国政府掩盖飞碟与外星人登陆的事实。1947年，罗斯威尔传出有一架飞碟坠毁时，当局最初承认，其后又改口称坠毁的是一个气象气球。当时的报道说，军方发现飞碟残骸、外星人尸体，并加以解剖。

"数据库"内另一份1947年所写的备忘录称，军方在罗斯威尔附近发现一个应是"飞碟"的物体。飞碟呈六角形，上方以电缆吊着一个气球。这份注明是"急件"的备忘录，指出飞碟形似气象气球。霍特尔在报告中称，空军调查员告诉他，新墨西哥州罗斯威尔市发现了"3个所谓的碟形飞行物"。飞碟呈圆形，中间突起，直径约50英尺（约15米），每个飞碟内有3个类似人形的尸体，但高度仅3英尺（约合90厘米）。每"人"穿着质地精细、贴身的金属衣。

据称，美国军方发现了外星人尸体并进行了解剖，但美国政府却对该事件进行了掩盖。美国军方发布新闻报道称，一些关于飞碟的谣言声称罗斯维尔空军基地第八空军509轰炸大队的情报人员掌握到足够的飞碟证据。

这份备忘录中标题内容赫然写着："美空军人员'俘获'了飞碟！仅在24小时之后，美军方改变了这一消息内容，并声称他们首次发现的'飞碟'事实上是碰撞在附近大农场的气象气球。"

令人惊奇的是，当时媒体和公众都毫无置疑地接受这一解释。随着时间的推移，罗斯维尔镇的神秘感已逐渐被人们所淡忘，直到近70年之后，这份尘封已久的联邦调查局机密备忘录浮出水面才再次引起人们的关注。

知识点

备 忘 录

备忘录是说明某一问题事实经过的外交文件。备忘录写在普通纸上，不用机关用纸，不签名，不盖章。备忘录可以当面递交，可以作为独立的文件送出，也可作为外交照会的附件。现在备忘录的使用范围逐渐扩大，有的国际会议用备忘录作为会议决议、公报的附件。

延伸阅读

2 500 年前的黑色水晶起搏器

长久以来，古埃及的木乃伊就以其数目众多和保存完好而举世闻名。人们对这里的木乃伊产生了各种各样的遐想。近来，在卢索伊城郊外出土的一具木乃伊就以其奇特的心脏起搏器引起了世人的注目。

在埃及卢索伊城郊外，人们将又一具刚出土的木乃伊抬出墓穴，通过仔细的检查，发现从其体内发出了一种奇特的有节律的声音。循声找去，发现声音似乎是因心脏跳动而发出来的，这是不可思议的。那么是不是有什么东西被藏到了木乃伊的心脏里了呢？人们无从知道，也没有人敢去拆开那缠满白麻布的尸体去探究其中的真相。他们立即将木乃伊原封不动地送到了坚南医生的诊所。坚南医生也不敢贸然行事，立即将其转送到了经验丰富的开罗医院。

在接到这具转送来的木乃伊后，开罗医院组织了一些专家对其进行了检查。人们在尸体的表面不能弄清其声音所存在的原因，于是决定进行解剖检查。医生们将木乃伊身上的麻布拆开后，对尸体进行了解剖，这时在心脏的附近发现了一具起搏器。这具起搏器促使心脏跳动的声音十分清晰，它那"怦怦"的跳动很有节奏。

医生们做了一下计算，发现它每分钟都跳动 80 下，尽管这个 2 500 年前的心脏早已干枯成为肉干，但它还是随着起搏器的韵律而不停地跳动。这是一个什么样的起搏器，它起搏的动力究竟是什么呢？医生们对这个能在 2 000 多年后仍然跳动的黑色起搏器非常感兴趣，于是以先进的仪器对其进行了测试发现，这一起搏器由一块黑色水晶制造，因为这黑色的水晶含有放射性物质，所以它能凭借自身的功能在那里不断地跳动。

医院将他们的这一重大发现向世人宣布，同时又将这一起搏器重新安放到木乃伊体内，让人们自由来参观。这一惊人的消息不仅吸引了众多的考古学家，而且大批电子学家也受到吸引。他们从世界各地纷纷赶到开罗医院，参观了这具身藏心脏起搏器的木乃伊，大家都对这神秘的起搏器赞叹不已。人们纷纷猜测：这黑色的水晶从哪里来？在世界上现存的水晶中，人们只见过白色和少数的浅红色或紫色的3种水晶，而从未有人见到过黑色的水晶。他们同时又提出疑问，在2 500多年前能懂得这黑水晶含有放射性的物质可以使心脏保持跳动的到底是什么样的人呢？另外人们又提出：为了协助人的心脏工作，这具心脏起搏器一定是在人活着的时候被安放到人体内的。那么在古埃及的医学条件下，当时的人们又是怎样将这起搏器放入人的胸腔里去的呢？这一系列令人难解之谜使专家们陷入了沉思。有人认为：在文化发达的古埃及，这些木乃伊可能是一些具有特殊能力的术士，利用奇特的手段创造出来的。那么，这只奇特的黑色水晶起搏器到底是从哪里来的？将其植入人体的究竟是什么人？这些可能永远是个谜。

十大 UFO 事件

埃及事件

在梵蒂冈埃及博物馆的收藏物中，人们发现了一张古老的埃及纸莎草纸。它记录了公元前1500年左右图特摩西斯三世和他的臣民目击UFO群出现的场面：

22年冬季第3日6时……生命之宫的抄写员看见天上飞来一个火环……它无头，喷出恶臭。火环长一杆，宽一杆，无声无息。抄写员惊惶失措，俯伏在地……他们向法老报告此事。法老下令核查所有生命之宫纸莎草纸上的记载。数日之后天上出现更多此类物体，其光足以蔽日，火环强而有力。法老站于军中，与士兵静观奇景。晚餐之后，火环向南天升腾……法老焚香祷告，祈求平安，并下令将此事记录在生命之宫的史册上以传后世。

贝蒂·希尔事件

1961 年 9 月 19 日，在新罕布什尔州安全部工作的贝蒂和在波士顿邮局民邮部任职的巴尼·希尔在位于新汉普郡的兰开斯顿和康科德之间的公路上，遇到了 UFO。UFO 在离他们 30 米处也停住了，巴尼看到里面有 5～11 个似人的生物的身影，他们身穿黑色发亮、看似皮质的衣服，头戴黑色鸭舌帽，一举一动都非常整齐、古板。巴尼转身就跑，他把妻子推进车里，急速开车逃走。但他感到那东西就在汽车上方。突然，他们听到一种奇怪的嗡嗡声，接着两人就失去了知觉。他们经历了时间丢失，并且在之后的数月中，他们越来越受到这次事件的困扰。最后，在 1964 年，他们在波士顿著名神经病专家本杰明·西蒙的指导下进行了催眠治疗。在催眠的过程中，他们都各自讲述了被绑架到一架 UFO 上，并接受实验的经历。医生认为，这些经历可能只是基于贝蒂的一个梦，而巴尼在倾听她描述的过程中，受到了潜移默化的影响。不过，贝蒂和巴尼在接受完治疗后，确信自己曾被绑架。

新闻记者约翰·富勒据此写成一本书，名为《中断了的旅行》，书中透露了许多细节。

令人惊奇的是，贝蒂在催眠状态下画出的一幅星图，当时无法验证，而数年后才被天文学家发现宇宙中的相似星图，使此事更加扑朔迷离。

2004 年 10 月，85 岁高龄的这名"UFO 第一夫人"由于癌症而逝世。媒体称：被 UFO 绑架的第一夫人逝世。

法蒂玛事件

1917 年 5 月 13 日中午，在葡萄牙的一座名叫法蒂玛的小村镇中，三位小牧童吕西、雅森特和弗朗索瓦（均在 10 岁以下）与一棵栎树上出现的一位漂亮无比的女人谈了话。这位夫人叫他们从现在起一直到 10 月 13 日为止，每月 13 日按同一时间到栎树边来，她有话要说。在此后的见面中，在场的一些目击者所见到的唯一现象就是每到那时，太阳都变得非常暗淡，但他们（除这些牧童外）并没有见到栎树上有人。

在 7 月 13 日那次目击后，吕西就告诉了人们说那位夫人告诉他 10 月 13 日要给大家"显灵"；而 9 月 13 日这位夫人又嘱咐吕西，让她告诉大家，下月她要做出点奇迹来让人们看看。

果然，10 月 13 日那天，令人永难忘怀的壮丽情景出现了。这天下着雨，天阴沉沉的，总数不低于 7 万的人冒着大雨聚集到了法蒂玛村。中午时分，吕西告诉大家可以收起伞了，虽然天还下着大雨，但人们还是听了吕西的劝告收起了雨具。奇怪的事情发生了，当人们收起了雨具后，雨突然停了，太阳冲破了乌云露出头来。然而和前几次一样，太阳的光却十分暗淡。

此时，云层分开，露出一个辉煌的如珍珠般的旋转着的圆盘。它放射出彩色的光芒，并且以典型的"落叶运动"般地掉了下来。众人以为是太阳从天堂落下，就纷纷跪倒在地。然而，圆盘又升了起来，并消失在太阳里。此时，人们身上被雨淋湿的衣服和被雨水浸湿的土地竟然完全干了。

阿诺德事件

1947 年 6 月 24 日，这是一个极其平常的日子。然而，由于发生了一桩极不寻常的事件，使得 50 多年以后，仍然有无数人记得历史上的这一天。

肯尼斯·阿诺德是美国爱达荷州博伊西城一家灭火器材公司的老板。那天，他正驾驶着他的私人飞机穿越华盛顿州的喀斯喀特山脉。

当飞机临近海拔 4391 米的雷尼尔峰时，空中的奇异闪光现象吸引了他的注意力。

当他把视线投向远方去追寻光源之前，他根本没有想到，他因此会成为一个在当时、甚至现在依然几乎是家喻户晓的风云人物。

他看到有 9 个圆形物体，以一种前所未有的跳跃方式在空中高速前进。阿诺德事后告诉记者："我发现类似鸢形的闪光物，它又像碟盘一类的器具。我用望远镜看到它以每小时 1 931 千米的速度疾飞而过，转眼间就消逝在白云悠悠的晴空中……"

接下来的事情令人惊讶，不仅在美国，几乎在世界上的每个角落，飞碟都以它们的翩鸿掠影引发狂潮。

而且，人们所看到的飞行物不再单纯是碟盘状的。它们有草帽形、圆锥形、雪茄形、蘑菇形、菱形、轮胎形、球形，甚至三角形、五星形等，在空中争奇斗艳。

于是，人们把它们称之为"Unidentified Flying Object"，意为不明飞行物体，缩写为 UFO。

一时间，UFO 成为传媒和人们议论的焦点。

罗斯韦尔事件

虽然事件发生已有 50 多年之久，但罗斯韦尔事件在 UFO 研究史中是占有极其重要的地位的。

1947 年 7 月 4 日 23 时 30 分，雷阵雨笼罩在美国新墨西哥州罗斯韦尔地区的欧德乔甫雷斯牧场上。当地居民听到空气中传来一阵阵雷鸣的爆炸声，随后看到一个蓝白色发光物体，在夜空中低飞，随即在远方坠落。

第二天一早，最早发现残骸的是德州理工大学考古队，他们无意中发现一架不明飞行物坠毁在牧场草地上。爆炸后碎片散布的面积大约有 1.2 千米长、600～900 米宽。地面上有一条长约 1 200～1 500 米的滑行坑洞痕迹。在坑洞南端发现最大的一块残骸，像纸一样薄，但却坚硬无比。现场附近有许多金属碎片，还有一些 H 形金属条，上面刻有文字。

令人惊讶的是，他们同时还发现 5 具不明生物尸体，体型瘦小，眼睛奇大；皮肤呈现暗灰色。军方立即把尸体放入密封袋，送往基地医院。事后军方持续在坠毁现场找寻每一块爆炸碎片，并逐家逐户查询居民是否看到飞碟坠落或捡到任何碎片，并告知不得对外发表任何消息。军方最后对外宣布，坠毁的只是一只气象观测气球。

曼特尔事件

1948 年 1 月 7 日，美国肯塔基州的高得曼空军基地得到报告，路易斯维依上空出现了 UFO。

下午 14 时 45 分，6 架 F－51 战斗机奉命升空观测。不久，其中 5 架飞机先后返航，只有曼特尔单人独机继续追踪。他向控制台报告说："UFO

为金属壳，外形庞大。"半小时后，控制台又接到报告："正接近一个巨大的金属物体。"随后联系中断。17 时以后，曼特尔和他的飞机残骸出现在富兰克林附近的一个农场上，他的手表停在 15 时 1 分，机体上没有发现任何炮弹袭击的痕迹，也没有放射性。

事后，美国空军称，曼特尔追踪的实际上是金星，尔后又称是美国海军施放的"天钩"气球。当然，也有人认为，曼特尔和他的飞机是被 UFO 击落的。

索科洛事件

1964 年 4 月 24 日下午 17 时 45 分，美国新墨西哥州索科洛镇南的 85 号公路上，州警萨莫拉遭遇一个蛋形飞行器以及两个穿白罩服的类人生命体——外星人。

美国《读者文摘》编辑出版的《瀛寰搜奇》一书中以《不明飞行物之谜——天外来客？幻觉？还是自然现象？》为题进行了介绍。

1964 年 4 月 24 日，新墨西哥州索科洛镇传出"发现天外来客"的报道。州警萨莫拉正在追赶一辆超速汽车的时候，看到一个不明飞行物体，在离他约 1 千米的地方降落。于是，他便赶过去看个究竟。

根据萨莫拉的报告，他在镇外发现一个光亮的椭圆形金属物体，大小如同倒转过来的汽车。在该物体的旁边站着两个几分像人的动物，身材与 10 岁儿童相若。他打电话向总局报告时，那两个怪物走回不明飞行物里，接着就起飞了。

事件的本身并无太大的悬念，引起 UFO 界关注的是：在蛋形飞行器的外表上，有一个特殊的标志，标志为一条横线上向上的箭头指向一个开口向下的弧。这就是被海尼克博士认为"在美国空军的发现中颇有价值的索科洛事件"。

卡特事件

我坚信有不明飞行物，因为我见过一个……它奇形怪状，当时约有 20 人见到……我从未见过这么骇人的东西。那是个庞然大物，很明亮，会变色，大概有月亮那么大。我们看了约 10 分钟……

说这些话的人是美国前总统卡特，这段文字刊登在 1976 年 6 月 8 日的《国民询问报》上。

当时他担任乔治亚州州长，曾签署过两份描述他看到 UFO 情景的正式报告。他是迄今第一位承认见过 UFO 的政治家。

当时是 1969 年 1 月 6 日 19 时 15 分，卡特离开一家俱乐部，和他在一起的有十几个人，突然一个和月亮一样明亮的不明飞行物出现在他眼前。他在递交给美国空中现象调查委员会的报告中说："1969 年 1 月的一个晚上，我在乔治亚州东南的上空，看见一个发光的红蓝色圆形物体摇曳飞行。它 10 分钟后才消失。"

阿曼多事件

1977 年 4 月 25 日，一名智利下士阿曼多·巴尔德斯在玻利维亚边境不远的普特勒山地附近被 UFO 劫持。

当时，阿曼多正率领 7 名士兵在边境线上巡逻，突然，在距离他们 500 米远的地方出现了一个发强光的不明飞行物。它向哨所附近的一盏灯飞去，停在不远的山坡上。士兵们立即监视这个发光体。阿曼多慢慢离开士兵，独自向发光体走去。忽然，他消失不见了。数分钟后，UFO 也杳无踪影。

15 分钟后，阿曼多又出人意料地出现在巡逻兵身旁。他大吼一声，接着昏厥在地。士兵们惊愕地看到，阿曼多的胡子变得很长，神情憔悴。数小时后他醒过来，大家询问他，他说不知道发生了什么事。他的手表比其他人的慢了 15 分钟，日期却走到了 4 月 30 日。

智利的这起 UFO 劫持案当时轰动世界，美国、英国、法国等国家的 UFO 研究专家纷至沓来，进行实地调查。阿曼多事件成了 UFO 研究史上的典型案例之一。

巴哥鲁事件

1982 年 6 月 1 日凌晨 2 时左右，前苏联的巴哥鲁太空发射中心遭到两架 UFO 的袭击。

当时，这两架突如其来的 UFO 状如水母，发出橙黄色光芒。

一个在太空发射中心 1 号发射台的巨型塔台上空，先是旋转，接着撒下一阵"银雨"，绕行一圈后飞去。另一个则攻击太空发射中心工作人员的宿舍。30 秒后，两架 UFO 在空中会合，刹那间不知去向。

在受到 UFO 袭击的 24 小时内，巴哥鲁太空发射中心最先进的防卫系统被打了个措手不及，全部处于瘫痪状态。经过 18 天的紧急抢修后，太空发射才恢复正常运行。

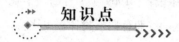

知识点

望 远 镜

望远镜又称"千里镜"，是一种利用凹透镜和凸透镜观测遥远物体的光学仪器。利用通过透镜的光线折射或光线被凹镜反射使之进入小孔并会聚成像，再经过一个放大目镜而被看到。望远镜的第一个作用是放大远处物体的张角，使人眼能看清角距更小的细节。望远镜第二个作用是把物镜收集到的比瞳孔直径粗得多的光束，送入人眼，使观测者能看到原来看不到的暗弱物体。

延伸阅读

恐怖的帕斯卡古事件

此一事件发生于 1973 年，在这一年，美国、欧洲西北部、意大利、西班牙等地的 UFO 目击事件异常的多。事情开始于这一年的 10 月 11 日下午 9 时左右。地点在美国南部密执安州的东南部帕斯卡古拉城。那是坐落于墨西哥湾旁，有 3 万人口的渔港。

在流经帕斯卡古拉城的帕斯卡古拉河寂静的岸边，这一夜有两个人在这里钓鱼。

他们都在这个地方的造船厂工作。其中一个是主任，叫做查鲁·西古生（45 岁）。另一个是 18 岁的青年帕卡·休尼亚。

至于他们钓鱼的成绩如何我们并不知道，而且这也无关紧要。下午 9 时左右，西古生正准备换新饵时，忽然听到咻的一声，好像是金属的声音。

往天空一看，只见一个青灰色的长圆型物体停在附近的河岸上空高出地面约 60 厘米的地方。

后来，西古生回忆说：

"那是发出青色亮光的太空船。令人吃惊的是那个东西虽然没有门，但却有 3 个像人一样的东西走出来，我们连叫救命都叫不出来，身体僵在那里一动也不能动。我从来没有经历过那种恐怖的经验。"

据他的说法，那 3 个像人的生物是青白色的，走路像幽灵一样根本不用脚。

他们的皮肤是灰色的，有很多皱纹。手指的部位像螃蟹的螯一样分成两个尖夹。耳朵很小，眼睛是一条小小的裂缝，尖尖的小鼻子下面有个孔。

这时，那个叫帕卡的青年被那些幽灵般的生物摸了一下，使他几乎要气绝。

随后西古生也被另外两个人举起来，连同帕卡一起被送到"太空船"中。

"好像是滑进去的样子，感觉上几乎已经没有重量了。"

"太空船"内部虽然看不到照明设备，但是却很明亮。西古生就像在宇宙中飘浮一般，身体完全不能动，只有眼球仍骨碌碌地转。

然后，在距他 25 厘米左右处，出现了一个像眼珠一样的大东西，在他的周围不停地动着，就好像在做身体检查一样，他被翻来覆去。帕卡也在别的房间接受检查，只不过他已经有点意识不清了。

大概在"太空船"中待了 20 分钟左右，等他们回过神时，已经又在河岸上了。西古生虽然想站起来，可是膝盖已不听使唤，根本站不起来。

"太空船"在一瞬间就消失不见了。

西古生强调："看起来就像是幽灵，又像是机器人。他们完全没有问问

149

我们的意思，但也不像要害我们。这完全是真的。"

当晚，两人不再钓鱼了，马上就前往最近的一家报社，想把这件令人难以相信的事说出来。但记者们都已经下班了。

于是，他们就到警察局去，这时已经是晚上 11 点左右了。载伊亚蒙警员虽然一脸的不以为然，但仍很有耐性地听了他们两人的"证词"。后来，他听了两人的"证词"的录音，也不得不承认这件事虽然不可思议，但好像是真有其事。因为西古生和帕卡都不知道有录音机在录他们的声音，帕卡因为太过恐惧而不停地哭叫呐喊、祈祷。依他们的声音来判断，这一切不可能是恶作剧。

后来，媒体报道了这事，引起了极大的反响。美国空军 UFO 调查机构的科学顾问亚伦海内克博士也加入了事件的调查行列。另外与 UFO 研究团体 APRO 有关的杰姆斯哈达博士，也被派遣到帕斯卡古拉城来调查这个事件。

他们利用测谎器与催眠术来测试西古生与帕卡两个"证人"的不寻常经验。结论是这样的："事情尚未真相大白，但无疑的是他们两人确曾经历过十分恐惧的事。"

后来帕卡离开了造船厂，也离开了帕斯卡古拉城。西古生虽然没这么做，但对于这件事却不想再谈。

UFO 拜访地球的痕迹

下面简要介绍的 28 份报告来自全世界 13 个国家。之所以选中它们，不仅因为它们真实可靠，毋庸置疑，而且因为它们比较一般，无特殊之处，它们只是向世人提供了 UFO 访问地球的确凿证据。

地面留下的痕迹

这是由于地面受到某些压力或有规则的烤灼而留下的圆形、环形、三角形或半月形痕迹。大多数痕迹残因很长时间（有时数年之久）。在此期间，该处的土壤寸草不生。

1954 年 8 月 3 日 18 时，一个透镜形的不明飞行物降落在马达加斯加的安塔那那利佛机场旁边。它在跑道一端满是石子的地面停留了两分钟。最初，它被 7 人（法国航空公司的 1 名技术处主任、3 名驾驶员和 3 名工程师）发现。这些人发出警报，于是机场的全体工作人员以及候机的旅客都看到了这艘奇怪的飞船垂直起飞的情景。飞船停降过的地方，直径 10 米的一个圆圈内地面的石子全部被压成粉末。

1970 年 7 月一天的清晨，几名目击者发现一个明亮的空中物体在美国纽约州曼莫特港市附近逗留了 15 分钟。几小时后，在那里的地面发现两个直径分别为 4 米和 6 米的圆印，野草被严重碾压过。每个圆印外面各有 3 个较小的椭圆印迹，正好能构成等边三角形。一些直线形的浅沟（像是圆形重物在地面拖动而形成的）从两个大圆圈延伸出去，终止在一条灌溉渠的堤坝上。当地警方调查了现场，拍了照片并进行了分析，但毫无结果。

下面这个事例曾被瑞典飞碟调查小组的秘书 S·O·弗德里克森分析过：1970 年 8 月 29 日夜里，许多目击者发现一个发出强烈红光的圆形物体在瑞典安滕湖附近飞翔。在完成了一系列复杂的空中动作后，该物体向埃尼巴肯镇方向降落了。第二天早晨，该镇的一个居民约翰森老人发现他家菜园里有 3 个圆形印迹，里面的土壤被重压过。构成等边三角形顶点的这些圆印直径为 40 厘米、深 4 厘米。调查人员从该地区各处以及不明飞行物降落的三角地取了土壤标本，送交瑞典查默斯核化学研究所进行比较分析。瑞典专家们通过 γ 射线分析仪分析，发现降落点的土壤标本中放射性比普通土壤标本大 3 倍，达 660 千电子伏特。这样的辐射只能来自钡元素 137 的同位素，而且只有当 ^{137} 钡放射性同位素放出 γ 射线时才能发现。但是，钡同位素只能在受激核反应中才能形成！约翰森老人怎么可能在他的菜园里实现核裂变呢？

植物被烧焦

90% 的此类事例中，这种后果并非自身燃烧所致，而是受到异常强烈的热辐射的结果，其中 35% 的事例还伴随着放射性后果。一般说来，植物被如此毁坏过的地区很难恢复，而且 25% 的例子中，土壤从此寸草不生。

一个比较出名的事例发生在美国衣阿华州巴尔的农场。这件事被美国研究员特德·菲利普调查过，并由海尼克博士在《飞碟试验》一书中做过分析。1969年7月12日23时，两名少女（巴尔的女儿和她表妹）恐怖地发现一个明亮的不明飞行物掠过农场上空向远方飞去。两个少女足足看了两分钟，此间，她们听到飞船发出隆隆之声。飞船的形状像一只倒扣过来的浅底碗，呈深灰色，沿着自身的轴心不停转动。在飞船高度2/3的地方有一个橘黄色光环。它消失在西北天空，只留下一道橘黄色光痕。巴尔农场主直到第二天早上看见飞碟在他的大豆地里留下的痕迹时，才相信两个女孩子说的是真话。地里一个直径约12米的圆圈内，作物完全被毁了。海尼克博士几星期后察看了现场，他写道："在那个圆圈内，树木的枝叶从主干开始枯干，像是被巨大的热量烤过。但树干并未折断，也未弯曲，地面上也没有留下任何痕迹。这一切表明，热量或其他带杀伤力的因素像是从近距离的空中施加的，并未与地面直接接触。"

1969年底，在新西兰发生了3次留下痕迹的飞碟降落事件。9月，在北岛的恩加蒂亚，发现一个圆圈内，野草和荆棘的枝叶全部褪色，并受到放射性污染。奥克兰大学的研究工作者宣称，他们"没有找到任何化学反应的证据，但确实存在放射性杀伤的痕迹"。J·S·门吉斯在《宇宙观象》1970年23期上写道："某种辐射从里向外烧毁了植物的组织。地球上还没有发现能够造成类似现象的能源，一颗陨石或一次闪电都做不到这点。看来，是一个来自外星的物体在这里降落和起飞时放出辐射，被其伤害了。"11月，北岛巴夏图瓦的农场主亨利·安杰里发现他的农场地里有一个直径约12米的圆圈，圈内的草全部枯槁。D·哈里斯博士在南岛的布林海姆也发现了一个类似的印迹。所有这些"死亡区"都是圆形的、圆圈内各有3个较小的坑，分布在一个等边三角形的顶点。受放射伤害的土壤一直寸草不生，无论家畜还是野兽都远远地绕开它……

水源被污染

人们多次发现，来历不明的飞船常常进入海洋、江河和湖泊去加水或排放废弃物。在65%的这类情况下，水源受放射性影响或被化学物质污染。

1970 年 9 月 14 日，一个不明物降落在新西兰蒂奎蒂附近布莱克莫尔的农场边一个小湖里。第二天早晨，农场主发现湖水水位上涨了很多，两岸上的痕迹表明，夜里湖水不可思议地溢出了坝顶。湖水变成了暗红色，并带有刺鼻的气味。也许为了避免使我们受到伤害，陌生的飞船把有毒（放射性或化学）物质倾入湖里。在美国、墨西哥和丹麦分别 3 次发现此类物质被放在密封的集装箱内沉入水底，说明（外星客人）非常注意地球生物圈的安全。

阿蒂·卡拉维基工程师曾调查过一件 1971 年 1 月 3 日早晨发生在芬兰库萨莫地区萨彭基湖面上的不明飞行物降落实例。那天，许多目击者看见一个闪光的圆球从离结冰的湖面 8 米的空中掠过，放射出的亮光 1 500 米范围内都能看清。几分钟后，那飞船降落在离毛诺·塔拉拉家 17 米处，停留 1 分钟后，它又突然起飞，跟出现时一样无声无息地消失在北方天空。过了几小时，目击者们发现，飞船停降过的地方（湖边）冰层变成了绿色。几天后，专家们从那些冰及其下面的土壤取了样，送交一家瑞典实验室和两家芬兰实验室（奥卢大学和氨化物公司）分析。研究结果表明，冰并未受放射性侵害，但其中包含着大量的钛元素。由此可见，外星飞船在地球上留下的大多数痕迹带放射性；而且，钛是制造这些飞船的主要材料，这些都是有关外星飞船的推进位置和机身构造的宝贵信息。我们知道，地球技术所预见的未来星际飞行的出路之一，就是使用原子能发动机，而钛又是地球上强度最大的金属，并从 1974 年起大量使用于空间技术。

有生命的机体受到影响

地球上的人和动物，由于不慎而过分靠近不明飞行物，在有的情况下，身体会感到不舒服，当然没有致命的影响。这些后果是由于超过正常标准的辐射而造成机体功能的暂时紊乱。需要指出的是，这种辐射每次都是事故性的。

1968 年 8 月，阿根廷门多萨医院的残疾人阿德拉·卡斯拉维莉从窗口看见一艘圆盘形的飞船降落在医院旁边。几秒钟后，飞船重新起飞，放出一种辐射状的"火花"。残疾人脸部被灼伤，昏迷了 20 秒钟。这时，飞船

153

YUZHOU ZHONG DE SHENGMING ZHI MI

已迅速飞走。阿根廷空军情报处和原子能委员会秘密地调查了此事，发现飞船停留过的地方有一个直径50厘米的圆形印迹，土壤呈灰色，放射性程度很高。专家们确认，残疾人被灼伤是强烈而短暂的辐射所致。无论是外伤，还是附带的恶心、剧烈头疼等，都一个月后才消失。法新社断言道："经过那里的不明飞行物留下了无可争辩的痕迹。"

电路短路

不明飞行物造成的电磁现象迄今尚无法解释。在许多情况下，在靠近外星飞船的地方，汽车发动机停转，灯光熄灭，广播电视台节目中断或被严重干扰。还有整个城市的高压输电线路甚至发电站受到影响的情况。有时，靠近陌生飞船的金属物品被磁化。正规地讲，所有这些现象都还无法解释……

1970年8月13日夜间发生在丹麦哈德斯莱夫市附近。正在城市外围巡逻的警官埃瓦德·马鲁普的汽车于22时50分突然马达停止，车灯熄灭。紧接着，车子被来自上方的一道强光罩住了，车内酷热难熬。警官探头观看，只见一个直径15米的圆盘形物体停在空中，从它里面射出一束锥形白光。马鲁普想同总部联系，但无线电对话机已不能工作。光束渐渐地缩回飞船舱内，使警官惊讶不已的是光束始终保持固定的形状，仿佛是用空气剪裁成的。飞船迅捷而又一声不响地升高，消失到星空中去了。此间，马鲁普成功地拍摄了6张相当清晰的飞船照片（这些照片经过丹麦和法国专家鉴别其真伪后，被发表在报上）。飞船消失20秒钟后，马鲁普警官的汽车发动机、车灯和无线电通信装备重新恢复正常。最惊人的、至今仍然无法解释的现象是陌生的飞船竟能分段逐渐收回光束。此种现象在法国（1967年5月6日）、加拿大（1968年8月2日和1970年1月1日）、芬兰（1970年1月7日）和中国上海（1983年2月21日）都有发现。

收集到（属于飞船的）一些陌生的物体

这种情况比较少见。但是，一些颇负盛名的作家和国际通讯社认为，美国、巴西、西班牙和瑞典等国可能掌握着外星飞船1947年至1983年掉在他们国土上的物品甚至残骸。

1974 年，美国佛罗里达州的 V·A·巴茨拾到一个直径 20 厘米、重 10 千克的钢球。这个钢球的奇特之处在于：受到任何脉冲作用时，它便沿自己中轴旋转并做直线运动，然后返回自己的出发点。在向几个不同的方向进行过同样的运动后，钢球自动停止了。美国海军的一个实验室化验结果表明：该球放出无线电波，并被一个强大的磁场包围着。美国的军事专家说不出这个钢球的来历，也无法解释它的这些奇怪的特性。化验的唯一结果是这个神秘的球被美国海军"扣下了"……因为，正如美国空军和宇航局航天生物学顾问和导师、天文科学家卡尔·塞根所称："并没有不明飞行物留下的证明和痕迹。"

知识点

同 位 素

同位素是具有相同原子序数的同一化学元素的两种或多种原子之一，在元素周期表上占有同一位置，化学行为几乎相同，但原子量或质量数不同，从而其质谱行为、放射性转变和物理性质（例如在气态下的扩散本领）有所差异。同位素的表示是在该元素符号的左上角注明质量数，例如 ^{14}碳，一般用 ^{14}C 而不用 C_{14} 表示。

延伸阅读

新疆 UFO 与地外文明有关

中科院紫金山天文台研究员、国际 UFO 研究专家王思潮观看了 2005 年 9 月 8 日在新疆上空出现的不明飞行物的录像，根据对录像进行分析研究，他认为，不排除该 UFO 是与地外智慧生命有关的飞行器的可能性。这一天，是首届世界 UFO 大会在大连开幕的日子。

2005 年年 9 月 8 日在新疆上空出现的不明飞行物曾引起科学家和公众浓厚的兴趣。11 月上旬，经过一番周折，王思潮看到了由某电视台录制的该飞行物的实况录像。根据这一录像，加上自己 30 年研究 UFO 的积累，王思潮得出了上述结论。

据王思潮描述，9 月 8 日 21 时 18 分，在新疆喀纳斯地区距地面约 200 千米高度的上空，该飞行物边朝着西北方向飞行，边向 5 个不同方向喷射物质，喷射物的角度呈 80°。一会，该飞行物又停止了喷射，呈现为螺旋状的发光物向正北方向飞行，直至消失在夜空，整个过程持续了 3 分多钟。

"向不同方向喷射物质，之后又呈现为螺旋状发光物，这两个特征同时出现在同一飞行物上，这在以前还是没有过的。"王思潮说。据他介绍，起先，有人以为该飞行物是彗星，但他经过认真观察比较后，排除了这种可能性。原因有三：首先，若是有如此亮的彗星接近地球，天文学者应该很早就会发现；其次，尽管彗星的尾巴很长，但彗星移动的轨迹相对来说要缓慢得多；第三，两者的尾巴形状也有差异，彗星喷射出的每一条尘埃尾巴要更宽一些，且带点弯曲。"

王思潮同时否认了该飞行物由人工驾驶的可能。飞机喷射的烟雾通常只有一条，烟雾即使有分叉，角度也很小，因为这样有助于节省燃料，但该飞行物喷射物的张角却有 80°，而且是朝着 5 个不同方向。此外，飞机的飞行高度通常在 1 万米左右，且喷射出来的烟雾通常要在大气层中停留较长时间，而该飞行物的高度为 200 千米，喷射物也一会就消失不见了。

根据当时出现的参照物和飞行物表现出来的特点，王思潮认为，基本上可以确定该飞行物不是人类的杰作，可能与地外文明有关。

麦田怪圈之谜

1987 年在英国 Whitepa Rish 大麦田里，出现了一个圆状痕。此同心圆的神秘痕直径为 15.38 米，两圆距离为 2.68 米，圆周伤痕宽为 1.18 米。内圆圈之漩涡为顺时针方向，外圆圈为反时针，这是个典型的圆状痕，也因这些圆状痕连续在英国出现，而成立了专门研究的组织，使得英国的神秘圆状痕闻名于世。

在过去的几十年中，已有好几百个此类型的圆状、环状、螺旋状及其他形状的作物圆状圈图形，都是在英国 3 个地方所连成的三角区域内，一般人称之为"威尔特（郡）三角"，而此区域也靠近英国巨石文明遗迹，因此有人曾将这联想到"百慕达三角"。

到了 20 世纪 50—60 年代左右才有圆状痕正式报告出现，但也没有详细记载及照片，只有农人及附近居民的证词。

1966 年 1 月 19 日，澳洲的昆士兰州北部农村发生了 UFO 遭遇事件，事件之后在草地上发现了顺时方向的圆状痕，顿时引起世界科学家们的注意，这应该是最早被研究的案例。

此后，在世界各地都发生过类似事件，包括美国、加拿大、英国、法国、新西兰、前苏联、瑞士等，最近在日本也发现多起。

根据英国圆状痕研究团体与阿林·安德鲁的研究，这些圆状痕事实上有一定几何规则，有单圆、同心圆、椭圆、大小二圆组、三圆组、同型二圆组、五圆组、多重同心圆组等，更有趣的还有男女性别符号组。

而无论是发生在那一国家的小麦、玉米、大麦旱田或是稻田、草地，这种神秘的环状痕都有下列特征：

麦田怪圈

（1）农作物依一定方向倾倒成规则的螺旋或直线状，但作物外观完好，丝毫没有受损痕迹，而谷物倾倒方向，大致有 10 多种形态。

（2）附近找不到任何人、动物或机械到过所留下的痕迹或是印痕。

（3）作物倾倒程度都与地面齐平，有些在最中心处有一两根作物直立，或呈现金字塔形。

（4）整体外观非常整齐，没有零乱感。

（5）事件都发生在晚上，没有人亲眼目睹圆状痕的生成。

（6）在事件发生晚上，附近都曾出现不明亮点或是爆炸声样的声音。

（7）正中央部位都有异状物质，有些具微量放射线，有些不太清楚真正成分。

1985 年发生在英国的圆状痕，正中央有白色发光胶体物质，经 SURRY 大学及 ALBURY 研究所分析结果，只知道含有淀粉及钙质，其他则不明。

一如世界其他不可思议事件一样，圆状痕的出现曾引起全世界科学家、UFO 研究家的兴趣，但可惜的是，大多数人都没有详细探讨，而在仅知道事件皮毛之后，马上以主观科学常识下定论。

事实上圆状痕生成的可能原因有：

1. 人为的恶作剧

这是大多数人的想法，以恶作剧创作乐趣是一些人的喜好，但这可不可能呢？

英国研究团体曾进行几项实验，首先他们集合了 50 位壮丁拉成圆圈，然后依同一方向以双脚踏作物，结果是留下满地的痕迹，而且也无法形成如此整洁的圆状痕迹。

后来研究人员在地面上立一根棒子作为中心点，再绑以绳子，绳子另一端系上很重的金属锥子，再以画圆圈方式移动重锥，使作物倒伏，结果发现，要 150 千克以上的重锥才能使全部作物倒下，但所有作物都受到明显伤害，地面也留下人为痕迹。所以圆状痕若是人为恶作剧的话，那么这些人一定是具有超能力的"超人"了。

英国的电子工程师柯林·安德鲁，研究这些神秘图形已有多年，他认为这种现象无法以现今之物理学及科学常识来解释，因为这些图形的线条极为利落、规则，因此他相信可能是某种高等生物的杰作，也不排除是外星人故意留下的信息。

安德鲁曾在 1991 年和一些研究人员在"威尔特三角"的中心地区设置了照相机和感应器，而希望借此能解开事情的奥秘。

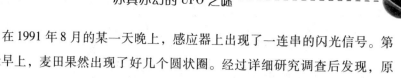

在 1991 年 8 月的某一天晚上，感应器上出现了一连串的闪光信号。第二天早上，麦田果然出现了好几个圆状圈。经过详细研究调查后发现，原来那只是人们的恶作剧，因为他们架设在现场的红外线照相机感应到人的体温，而证实了进行恶作剧的人故意践踏作物以造成圆状图形。

但是安德鲁并未因此而放弃研究，他认为在英国境内所发现的圆状圈绝对不是人为的，他坚持此项研究，也出版了几本相关书籍。

2. 大自然力

这是大多数科学研究人员的结论，许多研究气象的人员并一直深信这是特殊自然力所造成的结果。

大自然力的力场来源可假设来自地下及空中，地下的自然力又可分为重力、结晶物质的加压电力、高压气体、金属的电位差、岩石变动的物理性压力、离心力、潮湿作用力、火山压力以及地下蒸气压等。而来自空中的自然力则有雷、风、太阳能、地磁气、温度变化、静电气等。其中风力一项曾经过气象人员的研究，风力的确会使小麦田倾倒成一定痕迹，但要成为正圆则需要在实验室控制风力下才有可能，而且对于同心圆及其他有规则的几何图形则几乎是不可能达成。

到目前为止，科学家只能以自然力加以说明（不是证明），这是可能的原因之一而已。

一位叫做马丹的研究人员相信这些圆状圈可能是圆柱形旋转的气流所造成的。

但是，到目前为止马丹并没有亲眼目睹此类涡流旋风出现过，但是他认为这与"想要在车祸发生的瞬间立刻拍下镜头一样困难"，因为要那样则必须守候在发生的地点，并且在事情发生前就开启照相机。

马丹认为相信圆状圈是与飞碟有关的人，反而给予喜爱恶作剧的人有机可乘，这也就是为什么全世界的科学家都不愿意正视此一问题的原因之一。

3. 病毒引起

某些生物学家认为这是作物感染某种病所引起的倒伏现象，但至目前为止的文献资料，引致作物病毒的滤过性病毒中，并没有造成作物以规则性几何图形倒伏的例子。

4. UFO 降落痕迹或来自宇宙的信息

这是研究飞碟人员的结论，目前也只能以飞碟观点来说明，亦无法证明。英国研究神秘圆状痕的人员曾经大胆假设这是 UFO 降落后所留下的痕迹，根据他们的研究，推想出 3 种造成圆状痕迹的 UFO 形状。但是，若说是 UFO 着陆后痕迹，却又与世界各地的所谓"典型 UFO 着陆痕迹"有几点不同：

（1）在圆状痕发现的前后时刻，该地区从没有 UFO 着陆的目击者。

（2）现场除了作物倒压外，周围作物与土地并没有烧焦痕迹，也极少发现有"着陆脚的压痕"，亦即没有物理及化学变化。

（3）圆状呈规则的几何痕迹，而其他 UFO "着陆痕"则没有。

这种神秘的圆状痕已出现在世界许多国家，有些认为这是某些事情的预告，如外星人将来临，世界末日等等，也有些人斥之为无稽之谈。

知识点

红 外 线

在光谱中波长自 0.76 至 400 微米的一段称为红外线，红外线是不可见光线。所有高于绝对零度（–273.15℃）的物质都可以产生红外线。现代物理学称之为热射线。医用红外线可分为两类：近红外线与远红外线。

延伸阅读

麦田怪圈与1974年发送的信息相似

曾经在英格兰的一些麦田里出现过一些怪圈，看上去是一些很复杂的图案。这些会是到访的外星人留下的信号吗？经过调查，发现大部分是某些人的恶作剧，但是热衷于此的人还是对此怀有很大的好奇心。然而，不久后在英国汉普郡的 Chilbolton 天文台附近的麦田里再次发现了两个图案，其中之一是一个脸形，很多人都说很像电影电视里外星人的形象。另一个是 1974 年 11 月向 M13 球状星团发射的阿雷西博信息修改后的图案。

信息包含了我们估计任何可能存在的地外文明会对我们人类所感兴趣的所有要素，包括：我们的位置（在太阳系中的位置），我们人类的样子，传播信号的天文望远镜的简单素描图，以及我们的生态结构的一些片断。

在汉普郡发现的麦田里的怪圈在形状上很像 1974 年所传送的那幅。但是两者还是有区别的：在汉普郡发现的图案中没有传播信号的天文望远镜的简单素描图，取而代之的是一幅看起来像太阳能的人造太空卫星；另外，描绘我们太阳系的图表虽然还有原来的 8 颗行星，但是行星 3~5 有所偏离，而最后一颗变大了一些。麦田里的怪圈是外星人留下的几率几乎为零，但是到目前为止，还没有充足的证据证明这全部是人为的。究竟是怎样一回事还有待考证。

科学家们越来越乐观地相信他们能够找到宇宙来的信号以证明在浩瀚的宇宙中，我们人类并不孤独。新近一些进展越来越使他们坚信自己的观点。乐观地看，有可能在不久的将来，我们就能找到证据来证明在宇宙中我们并不孤独。

UFO 入侵墨西哥

1964 年 4 月 24 日，天色已暗的新墨西哥州索可罗镇，有一辆黑色的雪佛兰汽车正飞快地行驶着。

下午 5 时 45 分，当这辆车以明显超速的速度通过警察局时，被罗尼·查莫拉警员发现，他马上坐上巡逻车追了上去。

雪佛兰轿车的速度一点也没有减慢的趋向。而以领先巡逻车 3 个车身的距离向郊外直驶过去。过了 5 分钟左右，两辆车子已经到了镇外。就在此时，查莫拉的耳际响起了震耳欲聋的声音，在他右前方 1 000 米的天空中出现了明亮的火焰。查莫拉想到在那附近有一座火药库，该不会那座仓库爆炸了吧。查莫拉立刻跑了过去。巡逻车驶离了大马路，开进右边没有铺柏油的小径。因为火药库被丘陵挡着，所以无法肯定是否真爆炸了。

这条小路不仅崎岖难行，而且相当荒凉，查莫拉除了专心驾驶之外，根本没有时间看一下那些火焰。火焰的形状就像是个漏斗，顶部的面积是底部的 2 倍，长度有底部的 2 倍长。火焰几乎是静止不动的，一直在缓慢地下降着，而且没有冒烟。

此时查莫拉开始觉得有些不对劲了。如果是爆炸的话不应该没有烟的，而且火焰根本不动，这更不寻常了。此时，轰轰作响的音量已逐渐降低。

要到可以看到火药库的地方，就必须爬到丘陵顶上才行。由于坡度太陡了，他试了 3 次才爬上去，但声音和火焰也已经停止了。

来到丘陵顶上之后，查莫拉一直保持警戒，朝西方慢慢开过去，因为他并不太清楚火药库的正确位置。

车的左边，即丘陵的南边是个下坡，下面是干河床。前进了 10 秒钟左右，他就看到那个发光体在河床上，散发着冷冷的光，距离大约 250 米。从车上看过去，很像一部后车厢竖起来的车子。他以为是有人在恶作剧，但马上他就注意到在那辆"车"的旁边有 2 个白色的人影。

那两个人身材瘦小，看起来像侏儒，全身穿着白色的衣服。就在查莫拉看到他们的同时，其中一个也回头看到了他的车子，很明显的对方也吓了一跳。

查莫拉以为他们两人发生交通事故了，所以马上开车过去。当时他还没有仔细看过那两个人，好像和以前看到的不太一样，下面只有脚。

查莫拉一边开下急坡，一边跟索可罗警署联络。"索可罗 2 号呼叫索可罗警署，火药库附近似乎发生了交通事故，我现在要过去调查。"前进了几十米，当他停车时，那两个人已经不见了。查莫拉下了车朝卵体物走过去。这时听到两三声像是大声关门的声音。每次声音的间隔是 1 秒或 2 秒。

到了距卵体物约 30 米的时候，突然响起了轰隆隆的声音，就跟在追赶超速车时所听到的声音一样。声音由低到高，最后高到像是要震破耳膜一样。

就在声响发出的同时，他看到物体的下方喷出了火焰。火焰中间部分宽约 120 厘米，是橙色的，没有烟，而火焰碰到地面的地方却扬起尘沙。

听到巨响又看到火焰，查莫拉以为物体大概快爆炸了，连忙跑开，只是跑的时候仍一直看着那个东西。物体的表面看起来滑溜溜的，很像金属，没有窗户或门。而在它的中央部分，有一个很大的红色的图形。那是一个半圆形，圆弧朝上，在下面有一条水平线。这图形的长宽约 60～70 厘米。查莫拉一面看着物体，一面跌跌撞撞地去开车。在慌乱之间也来不及捡起掉落的眼镜，便头也不回，没命地向北急驶而去。过了 5 秒左右，他才回头看，只见那个物体已经上升到离地面 3～4 米的高度了，差不多跟车的高度一样。

查莫拉把车开下丘陵的另一面时，呜呜声忽然停止了，只听到"咻"的声音，最后便没了声息。查莫拉停下车来朝物体的方向望去，它已经飞走了。

于是，查莫拉把车开回来捡了眼镜，眼睛一直盯着那物体，并且用无线电跟署里联络。而物体越来越高也越来越远，最后终于飞过山头消失不见了。

这物体在他面前发出响声和喷出火焰，到消失在山后，只不过几十秒的时间而已，但对查莫拉来说，经历这种恐怖又超出常识范围的不寻常经验，就好像已经过了好长的一段时间一样。

接到交通事故报告的贝斯巡官很快赶过来了，当他看到查莫拉面无人色的脸孔时吓了一跳。

"到底出了什么事？怎么你好像看到鬼一样？"

"长官，我可能真的看到鬼了！"查莫拉有气无力地说着。

查莫拉概略地说了事情的经过，贝斯感到很困惑。他不很相信这个一直深受信赖的部下所说的"看到 UFO"或是"看到两个外星人"。但他也不认为查莫拉是在说谎，因为他慌张惊惧的表情是很不寻常的。

就在半信半疑之下，他跟着查莫拉来到了 UFO 降落的地点。在那里，他们发现有好几个新痕迹，这证明刚才真的发生了某些事情。

干河床原本是一片草原，可是在物体着陆的地方却有一个圆形的烧焦的痕迹。特别是 UFO 的正下方中央部位的草，还冒着烟。而且 UFO 着陆时支撑用的脚，也在地面上留下了清楚的痕迹。

着陆时的压痕一共有 4 个，呈长椭圆形排列，深 8～10 厘米，宽 30～50 厘米，是 U 字形的，地面的土壤被压成了硬块。另外，在离压痕不远的地方，有 4 个直径 10 厘米左右的浅圆型凹洞。他查看后，越来越相信查莫拉所说的了。因为这些痕迹并不像是偶然或自然形成的。当查莫拉指着小圆孔说："这是外星人的脚印"时，他连摇头否定的自信也没有。

由于索可罗 UFO 事件的目击者是现职警官，而且现场有很明显的痕迹，所以可说是可信度最高的 UFO 事件。对于 UFO 事件极为重视的空军调查机构，也在事件发生 4 天之后派了调查团前往现场，连 FBI 也展开了调查。有位物理学家在看过那些痕迹后推测，形成这些痕迹的物体重约 7～9 吨，而且从支架的痕迹并不是对称的情形来看，有可能是为了在崎岖不平的地方，平稳着陆而特别设计的。

当时空军调查机构的负责人吉尼尔少校，对于长达 16 页的调查报告以"尚未证实"作了总结。要点如下：

"罗尼·查莫拉自称曾看到某些物体一事是肯定的，而查莫拉也很值得信赖。他对自己所看到的感到相当疑惑，老实说我们也是如此。虽然此一事件拥有详细的记录，但到今天为止，我们仍没有调查出来那个查莫拉所目击的物体是什么，其他线索也找不到。"

据说当时对 UFO 着陆现场的土壤和草木进行分析的某女士，曾在烧焦的灌木树干中发现了两三种不明物质。但在分析完成不久，马上有空军职员将分析资料及样本拿走，并且不准她将那些事说出去。

由此，我们可以判断美国空军有着不可告人的秘密。

虽然查莫拉所看到的卵型物体和白色外星人至今仍是个谜，但至少他们——空军和美国政府的情报机关，一定获知了某些我们所不知道的事情。

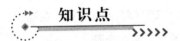

知识点

丘　陵

丘陵为世界五大陆地基本地形之一，是指地球表面形态起伏和缓，绝对高度在 500 米以内，相对高度不超过 200 米，由各种岩类组成的坡面组合体。坡度一般较缓，切割破碎，无一定方向。

丘陵在陆地上的分布很广，一般是分布在山地或高原与平原的过渡地带，在欧亚大陆和南北美洲，都有大片的丘陵地带。丘陵地区降水量较充沛，适合各种经济树木和果树的栽培生长，对发展多种经济十分有利。

延伸阅读

奥克洛原子反应堆之谜

位于非洲中部的加蓬共和国，有个风景非常秀丽的地方——奥克洛。但是，奥克洛的闻名于世，并不是由于它的风光，而是它那神秘莫测的原子反应堆。

1972 年 6 月，奥克洛的铀矿石运到了法国的一家工厂。法国科学家对这些铀矿石进行了严格的科学测定，发现这些铀矿石中能直接作为核燃料的 ^{235}铀 的含量偏低，甚至低到不足 0.3%。而其他任何铀矿中 ^{235}铀 的含量理应是 0.73%。这种奇特的现象引起了科学家们的高度重视和关注，运用多种先进的技术手段和科学方法，努力寻找这些矿石中 ^{235}铀 含量偏低的原因。经过再三深入探讨和研究，科学家们十分惊奇地发现：这些铀矿石早已被燃烧过，早已被人用过。这一重大发现立即轰动了科技界。为了彻底查明事实真相，欧美一些国家的许多科学家纷纷前往奥克洛铀矿区，深入进行考察和研究。经过长时间的共同努力探索，断定在奥克洛有一个很古老的原子反应堆，又叫核反应堆。这个原子反应堆由 6 个区域的大约 500 吨铀矿石组成，它的输出功率只有 1 000 千瓦左右。据科学家们考证，该矿成矿年代大约在 20 亿年前，原子反应堆在成矿后不久就开始运转，运转时间长达 50 万年之久。面对这个 20 亿年前的设计科学、结构合理、保存完整的原子反应堆，科学家们瞠目结舌、百思不解。这个原子反应堆究竟是谁设计、建造和遗留下来的呢？这是一个令全世界科学家都无法揭晓的特大奇谜。由于这个奇迹出现于奥克洛矿区，因此，科学家们把它称为"奥克洛之谜"。

这个古老的原子反应堆是自然形成的吗？科学家们一致否定了这种可能性，因为自然界根本无法满足链式反应所具备的异常苛刻的技术条件。只有运用人工的科学方法使铀等重元素的原子核受中子轰击时，才能裂变成碎片，并再放出中子，这些中子再打入铀的原子核，再引起裂变——连续不断的核反应（链式反应），当原子核发生裂变或聚变反应时释放出大量的能量。原子反应堆是使铀等放射性元素的原子核裂变以取得原子能的装置。这种装置绝对不可能自然形成，只能按照严格的科学原理和程序，采用高度精密而先进的技术手段和设备，由科学家和专门技术工人来建造，只有用人工的方法使铀等通过链式反应或氢核通过热核反应聚合氦核的过程取得原子能。

既然如此，这个原子反应堆的建造者是谁呢？据研究，早在 20 亿年以前，地球上还只有真核细胞的藻类，人类还没有出现。到新生代第四纪更新世早期（距今约 300 多万年前），才开始出现了早期的猿人。直到第二次世界大战末期，人类才制造了第一颗原子弹。1950 年，在美国爱达荷州荒漠中的一座实验室内，才第一次用原子能发电。1954 年，前苏联才建造了世界上第一座核电站。由此看来，距今 20 亿年前，在奥克洛建造的原子反应堆，绝对不会是地球上的人类，而只能是天外来客。一些科学家推测，20 亿年前，外星人曾乘坐"原子动力宇宙飞船"来到地球上，选择了奥克洛这个地方建造了原子反应堆，以原子裂变或聚变所释放的能量为能源动力。他们产生原子动力的主要设备为原子反应堆系统和发动机系统两大部分。反应堆是热源，介质在其中吸收裂变反应释出的能量使发动机做功而产生动力，为他们在地球上的活动提供能量。后来，他们离开了地球，返回了他们的故乡——遥远的外星球，于是在地球上留下了这座极古老而又神秘的原子反应堆。

原住在奥克洛附近的主要有芳族、巴普努族等。在他们中间，流传着这样的神话传说：在非常遥远的古代，整个世界漆黑一团，没有人类，也

没有任何生物，大地一片荒凉。突然一个神仙从天而降，来到奥克洛地区，用矿石雕刻了两个石像，一男一女，"石像能放出耀眼的光芒"，使茫茫黑夜中出现了白昼。有一天，蓦然狂风怒吼，雷鸣电闪，两个石像变成了活生生的人，并且结成恩爱夫妻，生儿育女，他们的子孙后代，便成了当地部落的祖先。这个神话透露出了一点消息，那个"白天而降"的神仙，很可能就是外星人，而那个能放出耀眼光芒的石像，很可能就是受过原子辐射照射的某些介质被加热后所释放出的光。

对此，也有人从另外一个角度进行解释。有人认为，地球上不止有一代人，在 20 亿年前，就曾有过一次高度发达的人类社会，由于相互仇视，发动核战争，人类毁灭了，但也留下了一些数量极小的遗物。而奥克洛原子反应堆，就是 20 亿年前的人类建造的。

到底哪一种说法对呢？现在还不是做结论的时候，还有待于人们进行深入的研究和探索。

百慕大与 UFO 之谜

关于目击飞碟（不明飞行物或称 UFO）的第一次公开报道见于 1947 年，若从历史文献上查阅，则可追溯到 13 世纪。然而，有关"百慕大三角区"船舶、飞机失事的记载，却要早得多，因此有些人极力否认飞碟与"百慕大三角区"之间有任何联系。可是，根据来自世界许多国家和地区目击飞碟的报道，人们可以发现，发生在美国的比较多，有几千件，其中以佛罗里达—巴哈马地区目击到的记录为最多（这正是百慕大三角海区），难道它同百慕大神秘事件是偶然的巧合吗？美国一位著名的天文学家 M·K·杰塞普曾提出："在百慕大三角区失踪的东西与人都是飞碟（UFO）干的。"

1948 年 1 月 7 日，美国的一架"野马式"战斗机，在诺克斯堡追踪一个低空飞行的飞碟时，突然解体成拳头大的碎片。据说，在飞碟周围有阴极射线。由于飞机离它太近而掉进电离场解体的。1971 年 10 月，美国的一架"星座号"飞机航行在巴哈马群岛附近，同一个飞碟相遇，结果也遭到了同样的命运。当时发出了一声巨响，并有极亮的闪光出现，把半边天都照亮了。美国"双子座"4号、"双子座"7号的宇航员，在太空中航行时均曾发现过有飞碟在跟踪着他们。"阿波罗"12号飞船在飞到离地球20万千米的高空时，有两个飞碟一前一后地跟踪着。宇航员戈登说："它们非常亮，好像在给我们发信号。"这些现象不都是飞碟的蛛丝马迹吗？

如果"飞碟"的存在是事实的话，那么它们从何而来呢？是外太空的不速之客吗？当联系到百慕大三角区的奇异事件时，有人也曾提出过："飞碟或许是来自海底。"他们这些富于幻想的说法倒也并非毫无根据，如1963年，在波多黎各东南部的海面下发现了一个不明真相的怪东西，以极高的速度在水面下潜行，当时，美国海军派了一艘驱逐舰和一艘潜艇去追踪，一直追了4天也没有追上，因为它有时可以钻到水下8 000米深处。人们根本无法观察到它的真面目，只是看到它有一个螺旋桨。另外，西班牙曾在海底发现过圆顶透明的怪东西，他们怀疑可能是飞碟，（有人提出，在海底世界生存着比人类还发达的智能生物，他们在海底生活了很久了。）尽管目前对这一连串的问题尚得不到肯定的答案，也许这种看法是极荒诞的，但是，我们不能否认，今天的科学技术条件，还不能使人类对占地球面积2/3的海洋深处的每个角落进行探测与了解，因此也必然会存在有许多令人茫然不解的秘密。

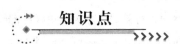

知识点

驱 逐 舰

驱逐舰是一种多用途的军舰，19世纪90年代至今的海军重要的舰种之一，是以导弹、鱼雷、舰炮等为主要武器，具有多种作战能力的中型军舰。它是海军舰队中突击力较强的舰种之一，用于攻击潜艇和水面舰船，舰队防空，以及护航，侦察巡逻警戒，布雷，袭击岸上目标等，是现代海军舰艇中，用途最广泛、数量最多的舰艇。

延伸阅读

失踪 24 年再现的渔民

1990 年 8 月在委内瑞拉加拉加斯市的一艘失踪了 24 年的帆船尤西斯号在一处偏僻海滩搁浅再现（这艘船是在 24 年前一次飓风中在百慕大三角区失踪的）。帆船上 3 名船员由土著居民救起之后，就送到加拉加斯市寻求援助。

为这 3 个人检查身体的医生说：这 3 人虽然经历这么多年，但一点也没有衰老，好像时间对他们已完全停止了。柏比罗·古狄兹医生说："这 3 名船员中最老的一个在失踪时是 42 岁，按理说他现在应该是 66 岁的老人，可是现在看起来依然像 40 多岁，身体非常健康。"

这 3 名船员之一——来自美国缅因州的职业渔民柏狄·米拿说："我们什么也记不清啦，只知道当时起了场飓风。我们当时扬帆出海，驶向艾路巴岛，希望能捕到当地盛产的马林鱼。然而忽然天色大变，转眼漫天乌云，电闪雷鸣，波涛汹涌，我们便立即将船向岸边驶去，这便是我所知道的所有经历。我还知道的就是我们的船只搁浅了，当我们向那里的土人问起时，才知道今年是 1990 年。最初我们还以为对方在开玩笑。我们是 1966 年 1 月 6 日出发的，原来打算出海捕鱼 7 天，没想到一去就去了 24 年！"

船上最年轻的 19 岁的提比·保利维亚说他记得遇到 1966 年那场飓风前，他们还捕到一条金枪鱼。当他们回到岸上后，当局派人上船调查，在船舱冷藏库中真的找到了那条金枪鱼。调查人员说："这条鱼仍然十分新鲜，就好像是刚捕到的一样。"

英国政府曾查阅 1966 年记录，证实当年确有这么一艘帆船无影无踪了，原因不详。

此事只能有一个解释：帆船进入了时间隧道中，时间变慢。至于如何进入时间隧道？是否有不明飞行物在现场作怪，目前尚不可乱下结论。与

169

YUZHOU ZHONG DE SHENGMING ZHI MI

此案情颇类似的现代案例是 1994 年夏，一架由菲律宾起飞的客机飞往意大利，中途经过非洲东部上空时，突然失踪了 20 分钟（在雷达屏幕上消失后再现），到达意大利机场时晚点 20 分钟。可是机上乘客和机组人员一无所知，每人的手表指针也没有晚点。该飞机是否进入时空隧道，还是受不明飞行物影响作用所致？有待探讨。

人类飞机追赶 UFO

1953 年 11 月 23 日，美国飞行员菲力克斯少校和雷达员威尔杰少校接到空军防卫指挥部的命令，从罗斯空军基地起飞去追踪苏必利尔湖上空被雷达发现的一个不明飞行物。他们驾驶一架 F - 89C 喷气式战斗机由地面导航直扑那个物体。地面指挥员在显示屏幕上看到飞机接近了那个 UFO。在屏幕上飞机和 UFO 的信号都很清晰，可是后来都突然从屏幕上消失了。从此，再也没见到那架飞机和机上的驾驶员，搜索也毫无结果。

1978 年 10 月 18 日，劳伦斯·科因中尉和 3 名机组人员，驾驶一架美国空军直升飞机从俄亥俄州的哥伦布飞往克里夫兰。40 分钟后，他们飞抵曼斯菲尔德上空，高度为 750 米。这时，一名机组人员发现一个闪着红光的物体正高速从东部靠近飞机。科因中尉立即将飞机下降到 510 米以避免相撞。在离飞机人约 150 米时，这个不明飞行物突然停下来。科因中尉注意到这是一个巨大的灰色金属飞船，大约有 18 米长，形状像流线型的扁雪茄。它前部边缘闪烁着红光，后部闪着绿灯，中间有圆盖。一盏绿灯突然旋转起来，绿色灯光照亮了直升飞机的座舱。科因赶紧用无线电发出 SOS 信号，但无线电装置莫名其妙突然失灵，既不能发送信号，也不能接收信号。后来他检查了一下仪器盘和仪表盘，发现这架直升飞机正在升入高空。

"我简直不敢相信，"他说，"高度已达到 1 000 米，我并没有拉升高操纵杆，所有的控制系统似乎已被某种力量设定为上升。我们在几秒钟内从510 米爬到了 1 000 米，没感到压抑或呼吸困难，没有噪声，没有骚动。"

最后，机组人员感到了一下轻微的弹跳，那个 UFO 向西北呈"之"字形飞去，7 分钟后，直升机上的无线电装置又自动恢复正常状态。

1965 年 2 月 5 日夜，美国国防部租用的飞虎航空公司的一架班机飞越太平洋，向日本运送飞行员和战士。大约在东京时间 1 点钟，机上雷达测得空中有 3 个巨大的物体在高速飞行。

人类的战斗机

起初，飞机驾驶员和雷达员以为仪器出了毛病，因为他们从未见雷达上出现这么大的 3 个亮点。可是，说时迟那时快，他们上方和左侧方立即出现了一道红色光。几秒钟后，机长发现空中有 3 个巨大的椭圆形物体。它们以令人吃惊的速度排着紧密的队形向下俯冲，似乎向他们的飞机直扑而来。

机长当机立断，马上转弯回避，那 3 个飞行物也很快改航，并突然减速，相互紧挨，大体与飞机飞行在同一高度。

据雷达显示计算，3 个飞行物和飞机大约相距 8 000 米，但它们的体积看上去仍大得惊人，对此，飞行员都觉得是一个谜，更觉得是威胁。机上人员精力高度集中，一个个瞪大眼睛注视着这 3 个庞大的怪物，生怕有什么事发生。

几分钟过去了，十分奇怪的是，3 个不明飞行物似乎不打算靠近飞机，仅仅满足于尾随而已。这时，机长派去观察的一个机组人员带回了一个随机同行的美国军官。机长正准备向日本的冲绳呼叫，希望地面派喷气式战斗机来护航，以防遭受庞大怪物的袭击。可是这个美国军官仔细观察了那 3 个物体之后，耐心地劝阻机长。他认为即使喷气式战斗机及时赶到也无济于事，相反，如果招来对方的攻击，后果不堪设想。

又过了几分钟，3 个怪物赶了上来，与飞机并肩飞行。这时，飞机里乱成一团，紧张的气氛到了快要爆炸的程度。突然，3 个飞行物向高空升腾，以 2 000 千米/小时的高速远离而去，转眼之间就消失得无影无踪。

飞机在紧张的气氛中降落了。空军情报员立即向五角大楼发了密码电报，报告了不明飞行物骚扰飞机的经过。应机长请求仔细观察飞碟的美国军官的估计，那些宠大的飞碟长度起码有700米。

一个月后，美国全国大气现象调查委员会得到一份在日本服役的美军上尉签署的报告。经过分析之后，这个案例刊登在该委员会的公报上。不过根据一位心理学家的建议，飞碟的规模被缩小到250米。

1956年，英国剑桥郡和萨福郡的几个镇上空，经常出现UFO，英国皇家空军飞机多次紧急升空，但UFO每次都像在做空中游戏一样，把皇家空军的战斗机戏弄一番。

1956年8月13日上午9时30分，空军雷达员本特·沃特斯看到一个物体正以每小时5 000千米的高速掠过屏幕，接着又发现一组物体追踪着它到了海上，它们似乎成串地进入了这个静止的大物体之中，然后一起消失了。

本特·沃特斯提醒此部雷达站的人注意。莱肯黑斯站的人也在屏幕上清晰地看到了这个物体。他们发现，这个物体疯狂地改变方向，以锐角不停顿地飞翔，从静止状态突然以极快的速度行驶，其飞行性能简直令人迷惑不解。

两架喷气式战斗机起飞前往拦截，但升空后却没有发现UFO的任何踪迹，只有返航。然后一架装备了雷达的维诺姆单座战斗机由地面导航又从海滨起飞。这架战斗机升空后，却发现那个UFO正在莱肯黑斯上空静止不动，清晰可见，高度在4 500~8 500米之间。

飞行员开动了雷达和"炮锁"，还没来得及有所行动，突然发现UFO"失踪"了。他赶紧询问地面控制中心："它跑到哪里去了？"地面控制中心回答："罗格，它出现了，它在你的后面，它还在那里。"这个UFO以"之"字形变换着位置，并以令人不可置信的锐角飞行，其速度之快以致雷达都跟不上。一会儿，它在战斗机后面，分解成两个不同的单元，一个挨着一个，紧紧锁住了那架战斗机。

1967年2月2日，一架秘鲁航空公司的"DC—K"客机，载着52名乘客从皮乌拉飞往利马，途中被不明飞行物追戏了差不多300千米。

飞机飞到奇克拉的上空时，高度为2 000米，机长奥斯瓦尔·桑比蒂在飞机右侧发现一个发光体，虽然离客机尚有几千米之遥，但它强烈的光芒仍可令各乘客看清。那是一个倒锥体模样的飞行物，它的速度、方向、高度，都大体与飞机相同，与飞机并列飞行。不久，那个飞行物显示出极为高超的杂技般技巧，翻着跟头，做着奇怪的动作，一会儿垂直上升，一会儿飘然下降……不知怎的，它猛然朝飞机冲来，飞机已经无法回避，机上的乘客吓得面无人色，有的甚至大哭起来，可是它略一抬头，便从飞机上方安然掠过。它的底部像个漏斗，上面直径约 70 米。令人不安和恐惧的是，它掠过飞机之后，飞机的电子设备全部失灵，无法和利马机场或其他机场取得联系。飞行物跟踪大约一个小时后离去。52 名大难不死的旅客都是活生生的证人。

1982 年 4 月 13 日早晨 5 时 15 分，西班牙利阿里群岛的桑塔尼军事基地上空，出现了 6 个盘状物，悬浮在一架正在装货的飞机尾部上方。它像一只倒扣的菜碟，上部发光，下部较暗，无声响，不一会又腾飞向高空，与另外 5 个盘状飞行物会合，去拦截一架正在航行的大型运输机。此时，基地雷达测得 6 个飞行物反射回波，看见它们摆成"八"字形挡在运输机的前方。指挥中心立即命令一架战斗机紧急升空，试图驱散正编队飞行的不明飞行物。战斗机升空之后，那 6 个盘状飞行物仍然且退且拦，并随运输机的速度变化或快或慢，一点没有离去的样子。战斗机快靠近运输机时，那 6 个不明飞行物突然收到一起，好像合成了一个整体，转眼间就快速离去，消失得无影无踪。据运输机长说，不明飞行物缠住他的时间起码有 30 分钟，而这些飞行物出现于机场上空直至消逝，先后持续达 18 分钟。

1986 年 12 月 7 日黄昏，一架波音 747 货机由巴黎飞往东京，在经过美国阿拉斯加上空时，机长突然发现在飞机左前方偏下的 600 米处闪现两束灯光，并以与该日航货机相同的速度相伴飞行。7 分钟后，不明飞行物突然向飞机靠拢，在距飞机 150 米左右的地方猛然放射出刺眼的强光，顿时照得舱内通亮，同时机组人员感到一股热浪逼来。几分钟后，不明飞行物又恢复先前情况，继续在机前导航般飞行。机组人员观察到，不明飞行物像正方形，中间部分黑暗，左右两端各 1/3 部分有无数个像喷嘴似的物件，强烈的光线从这些嘴里射出来。

突然，不明飞行物消失在飞机左前方大约 40° 的地方。大家正暗自庆幸之际，它猛地在左前方出现了。地面指挥塔此时命令一架正从日航货机逆向飞来的美国飞机协助侦察该空域的不明飞行物，而就在美、日两架飞机交错而过的刹那，它又失去了踪影。

半小时后，不明飞行物再度出现。在靠近费尔邦克斯市区上空时，由于地面灯光照亮，机组人员第一次看清不明飞行物的实体。原来它竟是一个比航空母舰大两倍的巨型球状飞行物，直径足有大型货机的几十倍。

这个巨大的 UFO 追随日航货机近 50 分钟，行程 760 千米，最后在抵达美国安克雷奇之前消失在茫茫夜空之中。

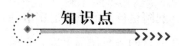

知识点

SOS

S.O.S. 是国际莫尔斯电码救难信号，并非任何单字的缩写。鉴于当时海难事件频繁发生，往往由于不能及时发出求救信号和最快组织施救，结果造成很大的人员伤亡和财产损失，国际无线电报公约组织于 1908 年正式将它确定为国际通用海难求救信号。这 3 个字母组合没有任何实际意义，只是因为它的电码"…———…"在电报中是发报方最容易发出，接报方最容易辨识的电码。

延伸阅读

人类伪造 UFO 事件的真正原因

2010 年，"UFO 事件"在世界各地以井喷之势出现。英国 21 岁的质检员莫内什·米斯崔和朋友目睹了"会飞的玉米片"如何从空中掠过。"它飞得很快而且很安静，上面似乎有 3 个灯，以让人难以置信的速度划过天空。乍看之下像是 3 只编队而飞的鸟，但仔细看到它的三角外形后，我们都吓傻了！"米斯崔说。近年来，英国已多次有人目击到空中出现三角形"UFO（不明飞行物）"。米斯崔相信，他们看到的要么是一架军方的新型侦察机，要么是地外飞船来造访地球了。

UFO 究竟是大自然的恶作剧，还是外星生命与地球的亲密接触？美国揭秘作家比约恩·凯里与雷米梅·利纳共同撰文，指出了最有可能伪造出"UFO 情景"的四大原因。

1. 闪电

神秘的"UFO 情景"可能与大自然气候现象有密切的关系，比如雷雨天气中大气层出现的闪电。当雷电制造的光芒干扰了暴雨附近的电磁场时，就会造出一些"跳跃"的光束。这些跳跃的光芒以快速流动的"电球"形式存在，当然也可能是条纹或者卷须状。在北半球的冬季最容易出现这种现象，而且极易让人误以为它是什么奇怪的外星飞船。

2. 导弹

2009 年 12 月，挪威北部上空上演了一场特殊的螺旋体灯光秀：一个巨大的螺旋体出现在空中，其中心射出蓝绿色的光柱，以雨滴涟漪的模式点亮了天空。那情形看上去就像是个通向另一空间的虫洞。但俄罗斯国防部随后证实，这些光线是一颗发射失败的"布拉瓦"导弹引起的。导弹突然失去控制，并制造了神秘的旋转螺旋体效应。

3. 怪云层

2011 年 10 月份，著名视频网站 You Tube 惊现一段反映莫斯科阴云密布的天空中出现巨大光环的镜头。视频上的种种现象都可以激发 UFO 谣言。首先，它有纹理；其次，在某个时刻，一个模糊的物体似乎要从光环中挣脱出来。而视频的背景则是语气惊慌的某俄罗斯广播电台，那真是十分应景。

头脑冷静的气象学家很快有了更理性的看法：这不过是光造成的幻觉。一阵风或者飞机将云彩穿了个洞，阳光从洞中穿越而出，形成"光环"，即所谓的冲孔云。它通常发生在卷云层，这些云层包含着冰晶和极冷的水滴。水滴的温度虽然低于冻结温度，却依然保持着其液体的状态。当然，它们的结构非常脆弱。一旦受到冲击，水滴就可能立即冻结或蒸发，水滴蒸发后自然就会形成一个空洞。

4. 气球

2011 年 10 月 13 日，美国曼哈顿切尔西地区的几百个人，见证了天空中出现的一簇闪耀的银光。对这起"UFO 事件"的原始描述千差万别：有的人报告说，他们看到的是一个很大的、缓慢移动的发光体；另一些人说，他们看到了差不多 6 个发光体。

不过，这些奇怪发光体只不过是些气球。在距离曼哈顿 24.1 千米的威斯彻斯特县，一所中学当时正为一名教师举办订婚派对。他们在下午 1 点释放了 12 个氦气球，到了 1 点 30 分，就有人报告看到了 UFO。

伊泰勒普碉堡 UFO 袭击事件

UFO 开始攻击军事设施！出现在巴西陆军碉堡上空的 UFO 攻击两位哨兵，部队一进入备战状态时，碉堡的电力系统就出现故障。在这之前的数十分钟，一架飞往圣保罗的运输机也受到 UFO 袭击。

两位哨兵眼睁睁地看着浮在空中的巨大飞行物体，没有任何反应。本来一遇到紧急状况就必须向指挥室报告的，但一看到这种超现实的景象，他们两人根本失去平常的判断力。

这里是距巴西首都巴西里亚东方 15 千米远，位于海岸附近的伊泰勒普碉堡。这里是为了保卫首都所设的陆军碉堡。

两位哨兵发现这个不明飞行物体的时间是 1957 年 11 月 5 日凌晨 2 点左右。起初，物体看起来只是在大西洋水平线上的一个光点，所以他们以为是星星或是别的东西，并未太在意。但仔细一看，那个光点正逐渐接近过来，并极迅速地来到碉堡上空，在 300 米高的空中停了下来，然后摇摇晃晃地慢慢降落。

橙色的光线照亮了炮塔，使得四周呈现出可怕的气氛。光体在离炮塔 50 米高的地方停止不再下降。两个人看到这个直径 30 米的圆形怪物靠得这么近时，才意识到自己已身陷险境。虽然两人身上都有步枪，但不仅没有射击，连警铃也没有按，因为他们觉得在这个庞大的怪物体之下，自己的装备和抵抗都是没有意义的。

两位哨兵被看不见的热波所袭击！

接着有种像是机械声的隆隆响声传到这两个吓呆了的哨兵耳中。同时两个人觉得身上一阵热，皮肤好像要被烧焦似的。但是他们并没有看到任何光线或火焰，两个人痛苦地哀嚎着，想要逃离热波的攻击，但其中一个已经昏倒在现场，另一个则躲到碉堡的阴影下。

其他哨兵听到他们的惨叫，知道出事了，很快便进入备战状态。然而就在此刻碉堡内的灯火全部熄灭了，电梯、通讯装置、转动炮身的马达也完全失去了作用。连紧急备用电源也失灵了。

而且，热风也吹进了碉堡内，这使得原本相信铁石做成的碉堡是永不可摧毁的其他哨兵，心中也不禁开始担心了。更奇怪的是，原本闹钟也应该因停电而不动了才对，但却比预定时间提早了 3 个小时铃声大作，使得碉堡陷入一片恐慌之中。

数分钟后，那些可怕的机械声停止了，所有的灯也大放光明。

当时，有几名士官也看到那并不是战斗机而是全身发出橙色光辉的庞然大物，在垂直上升之后很快就消失不见了。在四处搜寻之后，只见一名哨兵已经昏迷，另一名在炮塔阴影下的哨兵也已经神经错乱。他们立刻被送到医务室去，经过军医的检查，发现两人全身二级灼伤。

在这两人可以详细地说出这件事的始末时，已经是好几个星期后的事了。

事后接到报告的巴西陆军司令部马上请空军在伊泰勒普碉堡上空实施警戒飞行。而在空军大范围的搜索之后，并没有找到任何飞行物体所留下的痕迹。巴西政府相当重视此一事件，便经由美国大使馆的联络，请求处理 UFO 事件经验丰富的美国空军协助秘密调查。

数日后，美国空军的军官们就到了碉堡，马上组成一个调查小队。在这里得到很多有关此一事件的重大情报。伯鲁多阿雷克雷机场也在碉堡受到攻击之前看到过奇怪飞行物体。在伊泰勒普碉堡被袭击之前 2 小时左右，在距首都 1 000 千米左右的里欧格兰达多斯鲁州的伯鲁多阿雷克雷机场有一架民航机起飞前往圣堡罗。那是巴里达航空的 C－46 型运输机,凌晨 1 点左右在桑达卡达里那州的阿拉卡上空朝北 100 米,视野非常的好。

就在这时,贝伊克机长看到左前方有个红色光点正逐渐向他们接近过来。听多了 UFO 事件的机长在好奇心的驱使下改变航线朝那光点飞去。

UFO 一直向运输机飞过来。忽然整个飞机内部充满烧焦的味道,机长吓了一跳马上检查各项仪器,发现自动方向测定仪和无线电都已经烧坏,右翼的引擎也在冒烟。就在他们忙于灭火之时,UFO 已不见踪影了。机长也不能到圣保罗去了,只好失望地返航。

就在这件事发生的数十分钟后,怪物体便袭击了伊泰勒普碉堡。调查小队认为由发生的时间和地点来看,两个事件很明显的是有所关联。但到底 UFO 为什么要攻击碉堡呢?在会议中一位美国士官根据空军的资料做了以下的说明:

“自从人类发射史普多尼克 1 号人造卫星之后,就相继地发生 UFO 事件。这代表外星人对地球人类进出宇宙已经提出警告。”

但是这假设在有人提出“为什么科技远胜地球人的外星人要对人类提出警告呢? 又为什么不攻击发射史普多尼克卫星的前苏联呢?”的疑问后便被推翻。但从 12 年后人类便登陆月球,实现了宇宙旅行这件事来看,这个警告来得并不算太早。

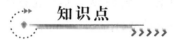

知识点

人造卫星

人造卫星是环绕地球在空间轨道上运行(至少一圈)的无人航天器。人造卫星基本按照天体力学规律绕地球运动,但因在不同的轨道上受非球形地球引力场、大气阻力、太阳引力、月球引力和光压的影响,实际运动情况非常复杂。人造卫星是发射数量最多、用途最广、发展最快的航天器。人造卫星发射数量约占航天器发射总数的 90% 以上。

延伸阅读

英国出现神秘 UFO 编队飞过高速公路上空

据英国《每日邮报》报道，英国一高速公路上空不久前惊现一神秘碟形 UFO，而就在附近路人拍下的这个 UFO 视频的 5 天后，英国广播公司的一名记者也宣称在同一地点看到 UFO，使这次 UFO 事件迅速成为英国媒体关注的焦点。

从网上流传的视频中可以看到，英国埃塞克斯郡斯坦斯特德机场（Stansted Airport）附近一条高速公路上空的乌云中出现了一个清晰的碟型光点，这个光点正在快速移动，并从中心又分离出若干个光点，飞向不同的方向，排列成一个正方形。拍摄者于 7 月 29 日将这个视频片段上传到了 YouTube 上，视频中还可以听到有人发出"噢，我的上帝"这样的惊叹。

曾有批评家表示这个 UFO 视频是个大骗局。然而，视频被上传 5 天后，英国广播公司第 5 电台体育记者迈克·塞维尔（Mike Sewell）也在直播节目中向听众宣称，他在前往斯坦斯特德机场途中发现了 UFO。塞维尔表示他确定那不是一架飞机，而是某种"碟型飞行器"。

塞维尔的发现使这段引无数网友热议的 UFO 视频变得更具可信性，成为当地众多民众和媒体关注的焦点。英国 UFO 专家尼克·波普（Nick Pope）表示："这个视频非常有趣，如果它是真实的，那么它就是我长期以来所见过的最离奇的 UFO 事件之一。"

巴普岛上的飞碟事件

"那里真的有 4 个人！我向他们挥手，他们也向我招手！"

新几内亚岛巴普地区波亚那全圣者传道本部部长威廉·布斯吉尔神父

如是写道。这里所说的"人"是在空中飞行的 UFO 甲板上出现的。

　　这件事发生在 1957 年 6 月 27 日，地点是新几内亚岛东端附近，面向古特伊那福湾的一个小村庄波亚那。时间大约是傍晚 6 点左右，太阳落到山的那边，但整个天空仍是明亮如昼。

　　一个巴普人护士亚妮洛莉波娃，在传道本部前的空中，看见一架大型 UFO。波娃马上叫神父吉尔过来看。和神父住得很近的老师亚那尼斯也出来看，只见一架大型的 UFO，附近还有两架小型的 UFO。这个圆盘形的大型 UFO 的顶端有人影，而且是 4 个。因为它停在高度 150 米处静止不动，所以在地上可以清楚看见他们的动静。

　　吉尔神父便试着向他们招手。于是有一个透过扶手的栏杆往下看的人，也同样向他们招手回应。亚那尼斯老师也试着挥舞双手向他们打招呼，结果，有两个人有同样的回应。吉尔神父和亚那尼斯一起挥手，这次他们 4 个人一起挥手。几分钟后，UFO 上青色的前灯亮了两次，3 架 UFO 一起消失了。晚上 10 点 40 分，村子进入了静静的睡眠状态中。吉尔神父因飞碟事件和傍晚做礼拜疲累不堪，也躺在床上睡了。这时，砰一声，很近的爆炸声，神父马上从床上跳起来，他想该不会是 UFO 着陆了吧！于是马上到外面去察看。可是外面似乎一点动静都没有。本部的职员们都出来看这大声响是怎么回事，可是睡得很熟的巴普人，没有一个人探出头来。

　　事实上，UFO 的出现是从 6 天前就开始的。6 月 21 日，巴普人牧师史蒂夫吉尔摩伊，在传道本部附近的家里，看到一个"像倒扣的咖啡杯碟"的飞行物体接近传道本部。

　　而且，6 月 26 日，在同样的地方又出现了数架飞碟，晚上 6 点 52 分开始，一直到 11 点 4 分下雨为止，它们共在空中飞了 4 小时，而且在隔天，27 日也出现过。这次有吉尔神父等 38 人亲眼目睹。以下是从目击者的描叙所得的 UFO 的样子。

　　其中一架飞碟是大型的，大概是其他数架小型飞碟的母船，远远看是白色的，但靠近一点时则可以看到闪着淡橘色的光，其表面似乎是由金属制成，在底座的上半部，有一个很大的甲板，从机身的主体部位伸出很像着陆架般的东西。甲板上，有 4 个像是人的身影，好像正在工作，不停地

进进出出。

如果是他们人类的话，大概就是白人了。若穿着衣服，那必定是非常紧身的。

"假设他们的身高为 180 厘米的话，那么飞碟的基部的直径为 11 米，甲板的直径约 6 米左右。"吉尔神父说。

整个飞碟和乘员，都被灯的光芒所笼罩，从甲板以 45°角的方向对着天空射照出一道青色的光线。也有人看到 UFO 有 4 个窗户。

可是这些描述说词却未给人一种神秘恐怖之感，这真是 UFO 吗？

有不少人认为巴普人没知识水准、很迷信，且为了讨好白人而乱吹牛，所以并不相信他们说的话，可是，吉尔神父并非巴普人，而是白人，并且是个传教士，老师亚那尼斯和史蒂夫牧师虽说是巴普人，但却受过教育是有相当程度的知识分子。所以他们看见的飞碟，而且向他们招手的"人"绝非幻觉，亦不是胡吹乱编，而是千真万确地存在，是个事买。

或者，飞碟是美国或者是前苏联的秘密武器之类的东西，那么在挥手的乘员，如吉尔神父他们说的"人"，就是白人！

但是，如果是秘密武器的话，没有理由在众人面前盘旋 4 个钟头。而且乘员还跑到甲板上挥手，不是一种示威吗？

另一方面，美国空军在调查了这次波亚那事件之后，发表了下列的结论。

"吉尔神父等 38 人所看到的飞行物体，不是载人的航天飞机。分析了它的方位和角度后，我们认为那些光体其中的 3 个，分别是木星、土星和火星。"

而且，这木星、土星、火星看起来好像可以自由飞行移动的原因是，光线的折射和热带特有的气象现象所致。但是，对于母船和乘员之事，却是一个字也不提。

6 月 26 日，在波亚那村，数架 UFO 于空中狂舞的同时，在对岸基窟的海上，亦有人看见 UFO。此人就是贸易商阿涅斯特伊布涅。他在自己船的甲板上，发现了一个往东北方向飞的绿色光体。在离地面 150 米高的地方停下来，同时光芒也消失了，一个像橄榄球样子的物体浮现出来。可以看到有四五个半圆形的窗户。机身的长度大约是18～24 米，大约静止了 4 分

巴普岛飞碟事件

钟，然后发出"嗯——噗！嗯——噗！"的声音，飞往波亚那西方的山脉中消失了。

可是，这个 UFO 的目击报告于 6 月、7 月、8 月在吉特伊那福海湾沿岸各地相继获报，确实多少没一个统计，但至少有 40 件以上。有人看到在光体的后面接着一个青铜色的飞碟，有的人是看到以逆时针方向在翻筋斗的飞碟，有的是看到黑点的银色的皿状飞碟，有的人看到的则是雪茄型的 UFO。

虽然各有不同的样式和不同的飞法，但他们都有共同点。那就是他们的飞行技术很高超，能够不发出任何声音静止不动，也能以各种速度前进、后退，重力和空气阻力都对它发生不了作用，简直像没有重量的幽魂似的。

这些是同一架飞碟呢？还是大规模飞行部队的其中一部分呢？不管是什么，都和地球上现有的飞行物体相去甚远。飞碟甲板上挥手的人，这样奇特的事真是意味着外星人友好的态度吗？

知识点

>>>>>

雪 茄

雪茄，属于香烟的一类，由干燥及经过发酵的烟草卷成的香烟，吸食时把其中一端点燃，然后在另一端用口吸啜产生的烟雾。雪茄的烟草的主要生产国是：巴西、喀麦隆、古巴、多米尼加、洪都拉斯、印尼、墨西哥、尼加拉瓜和美国。古巴生产的雪茄普遍被认为是雪茄中的极品。

延伸阅读

英国女子称 40 年遇到 17 次外星人

英国女子布里奇特·格兰特称自己 40 年间 17 次遇到外星人，包括 5 次近距离接触，她可能是世界上受到外星人访问最多的英国人，被称作"UFO 磁铁"。格兰特四处演讲讲述自己的经历，并计划出书。

格兰特说，当她第一次遇到外星人时只有 7 岁。当时她正要回家喝茶，路上遇到一个与她差不大的女孩，从小女孩的眼睛可以判断他是中国人。小女孩向格兰特展示了香港钞票以及她的房子。但当第二天格兰特再次去找小女孩时，已经找不到那栋房子，只剩下一片旷野。UFO 专家认为，格兰特可能被外星人"屏障了记忆"，让她将外星人看成了中国女孩，将太空船看成了女孩的房子。

1993 年，格兰特第一次亲眼见到了 UFO。当时她正在洛杉矶当发型师，在一个度假旅馆附近，看到了一个反射银光的圆形金属物体，大约有 12 米到 13 米长。没有任何噪声，没有机翼和排气管等，下面发出刺眼的橙色光芒。随后，它就穿过树梢飞走了。不久后，格兰特看到四五架黑色军用直升机飞过，显然是在拦截这架 UFO。

除了外星人外，格兰特还多次与鬼魂遭遇。她说，这些鬼魂就像真人一样，只是有时候他们看起来不太凝实。这些超出正常范围的经历从格兰特 5 岁开始，直到 21 岁才渐渐消失。

格兰特说："为什么选择我，我不知道，也不能理解，但我需要找到答案。看到这些 UFO，我感到很高兴。但我害怕受到嘲笑，从没有告诉太多人。"现在，她已经重新回到德文郡，并且组建协会，寻找与她有类似经历的人。格兰特正在写一本自己经历的书，但她对自己与 UFO 的遭遇依然不能理解。

中国出现的 UFO 事件之谜

2011 年 8 月份，我国多地观测到同一起 UFO 影像。中国科学院紫金山天文台研究员王思潮对记者介绍他的判断："这是一起重大 UFO 事件，不明飞行物是特殊的空间飞行器，用人类的飞行器很难解释。该飞行器高度是在空间，和杨利伟飞船高度差不多，飞得很慢。"

根据报道，曾有多架飞经上海的航班机组人员称，目击到空中出现奇异的不明光团；同时，在北京城郊的观星活动中，多位资深天文爱好者拍摄到气泡状不明物体；来自内蒙古、山西的报告差不多在同一时间观测到类似发光体。一些目击者称"发光体由小变大，呈规则几何圆体，比月亮大几百倍，目测直径 50 海里以上。这种景象持续了 20 分钟，发光体逐渐变暗直至消失。"

王思潮从 1971 年起研究 UFO，至今已有 40 多年。"一般要成为重大 UFO 事件，必须满足两个条件，一是影响重大，很多地方的人同时目击；第二是用人类现有知识很难解释。我研究 UFO 40 多年，重大 UFO 事件出现过 20 次左右。我总结出一条规律，尾数逢 1、2、7 的年份，出现重大 UFO 事件可能性比较大。今年是 2011 年。"

此前有天文专家指出，20 日晚多地观测到的 UFO 是"正处于喷火状态的推进火箭，由于推力不平衡产生如此现象。"但王思潮予以否定："根据国家天文台河北观测站正西方向的照片，可以看到光盘背后有星星，这样可以计算出球状光盘仰角是多少。加上同时观测到 UFO 的两个地点，交叉计算可得其定位。我计算，这个飞行器是位于内蒙古的西部上空，球状光盘距地面 300 千米，和杨利伟飞船高度差不多，同时移动很慢，在这个高度不掉下来，只有速度高于 7.9 千米/秒才可以，按照这个速度，一般我们从西向东看到它的时间也就几分钟，而这个飞行器出现时间有近 20 分钟，这些特点用人类火箭是很难解释通的。"王思潮说。

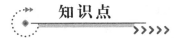

知识点

火 箭

　　火箭是以热气流高速向后喷出，利用产生的反作用力向前运动的喷气推进装置。它自身携带燃烧剂与氧化剂，不依赖空气中的氧助燃，既可在大气中，又可在外层空间飞行。现代火箭可用作快速远距离运送工具，如作为探空、发射人造卫星、载人飞船、空间站的运载工具，以及其他飞行器的助推器等。如用于投送作战用的战斗部（弹头），便构成火箭武器。其中可以制导的称为导弹，无制导的称为火箭弹。

延伸阅读

青海的"麦田怪圈"

　　提到怪圈，人们首先想到的是各式各样奇特的麦田怪圈。麦田怪圈是在麦田或者其他农田上，透过某种力量把农作物压平而产生出的几何图案。麦田怪圈作为外星文明、外星人与地球人的一种沟通方式而长久以来保持着神秘的色彩，也让很多外星人爱好者一直追随研究。除了麦田，外星人对其他地面上留下信号就没有兴趣么？

　　近日，在我国境内的青海省德令哈地区出现一巨型"沙漠怪圈"，据当地目击者称，一夜之间在沙化的牧场上突然出现了一个直径近 2 000 米的巨型圆环图案，怪圈不但是规则的圆形，其中还有复杂对称的图案，图案的边缘相当的精准。此怪圈比一般 40～200 米直径的"麦田怪圈"要大很多，也更为壮观。

畅游天文世界

早在 20 世纪 70 年代该地区（青海德令哈）就以外星人遗址闻名世界，给这次沙漠怪圈的成因更加蒙上了一副神秘的面纱，再一次让这一地区与外星人联系在一起，专家称沙漠上的怪圈在中国还是首例，而且是"最令人难以想象的"。

"怪圈"二字，大家就会和外星文明联系起来，怪圈持续 4 个世纪，留给我们了很多神秘的线索，类似"沙漠怪圈"的现象有很多，其中最著名的应属秘鲁的纳斯卡线条和英国的麦田怪圈，至今科学家也无法解释大多数现象是如何形成的，最终将矛头指向地外文明。而沙漠怪圈因为沙子或荒漠的易流动，不易保存的特性，更显得弥足珍贵。这次的中国的首个"沙漠怪圈"事件，UFO 爱好者和专家留下了珍贵的素材。

目前，怪圈事件还无法得出一个合理的解释，但我们相信，随着科技的发展在不久的将来一定会解开怪圈之谜。

什么是沙漠怪圈？

"沙漠怪圈"特指那些一夜之间出现在沙漠地带或荒漠化的农田或牧场里的奇特图案。这些图案错综复杂，既有几何形状和圆形，也有抽象概念的形状，通常是在紧贴地面的高度，然后地表的土壤与周围土壤形成鲜明对比时形成的。有些沙漠怪圈可以解释清楚，有些则至今仍是一个谜，无法被证明是人类的杰作。沙漠怪圈通常表现出奇怪的特征，而这些特征是难以或不可能复制的。